石河子大学 211 工程重点学科建设项目资助

生态安全视角下的新疆
全新世植被重建

冯晓华　著

中国环境科学出版社·北京

图书在版编目（CIP）数据

生态安全视角下的新疆全新世植被重建/冯晓华著.
—北京：中国环境科学出版社，2011.10
ISBN 978-7-5111-0737-4

Ⅰ．①生… Ⅱ．①冯… Ⅲ．①植被—重建—研究—
新疆 Ⅳ．①Q948.524.5

中国版本图书馆 CIP 数据核字（2011）第 207200 号

责任编辑	刘　璐
责任校对	尹　芳
封面设计	彭　杉

出版发行	中国环境科学出版社
	（100062　北京东城区广渠门内大街 16 号）
	网　　址：http://www.cesp.com.cn
	联系电话：010-67112765（编辑管理部）
	发行热线：010-67125803，010-67113405（传真）
印　　刷	北京市联华印刷厂
经　　销	各地新华书店
版　　次	2011 年 10 月第 1 版
印　　次	2011 年 10 月第 1 次印刷
开　　本	880×1230　1/32
印　　张	4.75
字　　数	127 千字
定　　价	22.00 元

前　言

　　近几个世纪以来，地球环境的变迁进程明显加快，出现了一系列关系到人类本身安全的全球性生态问题：如冰川消融、生物多样性减少、气候变暖、海平面上升、荒漠化严重等，生态安全的研究也因此成为国内外近年来研究的热点。国际上对生态安全的研究从20世纪70年代开始，主要集中在安全定义的扩展、环境变化与安全的经验型研究、环境变化与安全的综合性研究以及环境变化与安全的内在关系研究等方面。我国的生态安全研究始于20世纪90年代，处于起步阶段，研究主要集中在区域水平上，如西部地区、流域、区域农业和自然保护区上，对生态安全的监控、评价和保障体系作了初步探讨，理论和实践研究均尚待深入（崔胜辉等，2005）。

　　通过对相关文献的分析，目前生态安全研究中所涉及的环境变化基本上都局限在自工业革命开始以来的，更多的是集中在近百年或几十年的时间段内，也还未形成全球性的研究视野，处于一个时空均相对狭小的研究视角中。实际上，从生态环境本身来看，人类赖以生存的地球环境是由大气圈、水圈、岩石圈和生物圈组成的一个相互作用的整体。这些圈层之间存在着极为密切的联系，其要素变化既存在一定程度的协同性和不同程度的差异性，又存在一定程度的稳定性和脆弱性；同时在不同的区域还会以不同的规律特征和不同的形式表现出来。因此，需要在深入总结环境各要素自身变化基本规律与特点的基础上，对各环境要素的共同特征进行揭示，以便寻找出自然环境演变过程中各主要要素的内在联系和驱动因子。从人与环境复合系统相互作用来看，"生态安全"应是关于时间和空间的连续函数，理应从更开阔的时空角度来认识、理解和研究，不仅应着眼于当前，更应着眼于过去和未来；不仅着眼于区域，也应着眼于全球。正如刘东生院士所说："实现人与自然和谐发展，需要人类社会的共同努力。研究现在和未来的环境问题，需要从过去的历史中寻找经验。"这是因为对地质及历史时期环境变化过程的研究不仅是深刻认识现代全球环境问题的基础，同时也是预测未来环境变化趋势的重要参数。

与当今人类关系最为密切的是全新世的气候和环境变化。全新世是地质时代的最新阶段，开始于 11 650 年前持续至今。在这一时期，全球气候变化频繁，人类也在走向真正的文明，与现今环境状况具有一定的相似性和很强的连续性。因此，对于全新世环境变化过程的研究一直是过去全球变化研究的热点，也是理解人地关系的核心时段，对当下的生态安全研究有着重要的科学意义。学者们从冰川进退、冰芯氧同位素、冰芯化学元素、深海沉积、泥炭等不同的方面，对全新世的环境及不稳定的气候进行了多方面研究。其中，孢粉作为高分辨率定量恢复植被类型、气候要素等环境因子的重要工具，在进行重要的全球变化对比研究和提供各种古环境模型的验证依据方面作出了一定的贡献。

自中更新世以后，干旱特征就成为干旱区生态环境的总趋势，荒漠化是其最主要的地理过程，并从环境条件和生态背景两方面主宰着干旱区的生态进程（张军民，2007）。严酷的自然环境下形成的荒漠植被类型，结构十分简单，生态功能低下，生态环境的小幅波动都会造成生态系统的深刻变化。生态系统稳定性差，且多呈过渡类型分布，这些特征使干旱区生态系统具备了脆弱生态系统的一切性质，对自然或人为干扰极为敏感，属于生态安全研究的重点区域。新疆属典型的内陆干旱半干旱地区，气候属于温带大陆性气候，是太阳辐射、大气环流及地理条件相互作用和制约下形成的特殊区域，具有典型的山地、绿洲、荒漠三大生态系统。只有揭示新疆生态环境问题的本质，科学地探讨新疆生态环境演变的过程与机理，才能更好地开展生态安全研究并保障新疆的生态安全。这就需要以新疆生态环境演变进程中的关键过程为线索，建立高分辨率的生态环境演变序列并重建古植被和古环境，尤其应重点研究全新世以来干旱环境和人为作用下的环境演变过程。

本书利用一种新的全球植物功能型分类系统（PFTS）和标准的生物群区化定量技术（Biomisation），使用共 200 个表土孢粉样品、685 个地层孢粉样品重建新疆全新世以来的古植被和古环境，并探讨人类活动与环境演变的相互关系，为新疆的生态安全提供科学依据。从某种意义上说，本研究是站在前人的肩膀上，运用生物群区化方法对目前能收集到的新疆全新世孢粉数据的生物群区模拟，是对数据的集成研究。这里的表土孢粉数据和地层孢粉数据，很大一部分来源于阎顺研究员多年的工作积累，是我在阎顺研究员的耐心指导下，将他毕生研究的众多剖面资料和孢粉数据整理而成。还有一部分表土孢粉数据来自于倪健研究员及其课题组成员的原始数据资料。剩下的孢粉数据主要来自于对已发表文献资料的提取。在孢粉样品数据、孢粉采样点地理位置数据、孢粉测年数据的获取方面，采用 Digitizer、GIS、Excel 等软件对数据进行处理。在植物功能型和生物群区的设计方面对新疆特殊的气候、植被等都进行了比较全面的考虑。

本书主要内容包括建立新疆全新世孢粉数据库、设计植物功能型、设计生物群区、利用 Biomisation 方法重建表土植被和千年尺度的全新世植被、探讨新疆全新世中晚期植被和环境演变与人类活动相互关系等。利用表土孢粉样品在垂直尺度上进行重建的生物群区与现代自然植被表现出较好的一致性，在水平样带分布上也获得了理想结果，证明该模型可用于重建新疆过去地质历史时期古生物群区，并进行动态定量分析。利用地层孢粉样品重建了全新世 14 个时段的生物群区，反映了新疆全新世以来荒漠、荒漠草原、草原、山地草甸和森林等主要生物群区的动态演替过程，反映了生物群区在平原和山地不同的空间分布演替过程。

过去是认识现在、预测未来最好的钥匙。通过动态定量重建与人类关系最为密切的全新世古植被，探讨环境演变与人类活动相互关系，在一定程度上有助于分析全新世以来新疆气候中水热组合变化，并探讨古植被和古气候演变的规律，为研究和调控新疆的生态安全提供科学依据。

目　录

第1章 孢粉、植被与环境

利用孢粉追踪过去时期的植被，并进而推论其生存环境，已经被证实是一种可靠的方法，也是灵活的方法。然而，由于孢粉-植物-环境之间的关系是复杂的，所以分析的精确程度还要依赖于对孢粉与植物、植物与环境这两个环节理解的程度（李文漪，1998）。

在沼泽地的泥炭层和水底沉积层中，由于分解条件差，所以保存着未被分解的孢粉。由于孢粉的形态具有种或属的特征，所以对不同深度的泥炭或沉积层进行调查，可以在某种程度上了解到沉积当时的植物区系和群落的演替状况。为鉴定这种沉积物中的孢粉所进行的研究，称为孢粉分析。而重建植被生活时期的自然条件，是基于植被以某种方式反映其生存环境的原理。

1.1 孢粉与植被

孢粉分析作为一种古环境代用指标，在恢复古植被与古气候方面起着不可替代的作用。随着现代孢粉学的发展，利用孢粉资料定量重建古植被、古气候研究成为新的发展趋势。人们从沉积物中获取孢粉并统计其数量。但是，孢粉的数量并不等于植物的数量，也不与植物的数量呈简单线性关系。千变万化的自然条件所造成的孢粉散布环境复杂多变，而所有这些都会集中体现在孢粉组合及其数量中。因此，研究孢粉的产量、孢粉的传播、孢粉的搬运、孢粉的保存等，是依据孢粉数据定量重建古植被的前提。

1.1.1 孢粉产量

（1）*R* 值讨论

孢粉分析方法诞生以来，科学家们始终意识到孢粉数量问题的重要性，并进行持续的实验研究。对于孢粉的代表性问题，早年 Iversen 和 Faegri（1964）曾将几种欧洲植物孢粉表现植物的数值关系分为三类：①超表现，孢粉数量大于植物丰度，如桦（*Betula*）、桤木（*Aluns*）、榛（*Corylus*）和松（*Pinus*），用除以"4"消除误差；②相当表现，孢粉数量与植物丰度大致相当，有云杉（*Picea*）、栎（*Quercus*）等；③低表现，孢粉数量小于植物丰度，如椴（*Tilia*）和常青藤（*Hedera*），用乘以"4"消除误差。用 4 的倍数消除误差以及 Iversen 等列出的种类，可能在北欧一些地点是可行的，但难以推广到其他区域，对中国明显不尽适用。

1963 年 Davis 发表的用 *R* 值调整误差的讨论，即，当在任一种植被中有某种植物时，则该种植物的 *R* 值可表示为：$R=P/V$，其中，P=植物孢粉的百分比，V=植物在植被中的百分比。当一种植物孢粉的数量为超表现时，则 $R>1$；低表现时，则 $R<1$。用该种植物的 *R* 值和历史时期该种植物孢粉的百分含量可以测定历史时期某种植物的丰度。然而，植物孢粉的产量，只能是相对稳定。开花年龄、生理及各种生态条件的变异，均将影响孢粉产量，从而改变 *R* 值。

由于孢粉传播的特性而形成的外来孢粉，是影响 *R* 值计算中更为复杂的问题。为了降低外来孢粉的数量，在工作中采取结合植被调查、仔细选取样点和扩大样方面积，以尽量排除外来孢粉的影响。然而，样方扩大是有限的，而且外来孢粉始终存在。为解决外来孢粉问题，姚祖驹（1993）采用扩大样方面积，对孢粉百分比进行回归分析，用所得斜率代表植物与孢粉的关系。即当加大样方面积到截距为 0 时，则代表传播出去的孢粉即接近于 0，外来孢粉也接近于 0，则样品中的孢粉对于植物具有代表性意义。其计算结果，与用 *R* 均值所取得的结果基本一致。该实验可以证明，在样点不多的情况下，用 *R* 值均值作为校正值，是比较可行的（李文漪，1998）。

（2）孢粉通量

Pohl（1937）很早就开始了关于孢粉产量的研究，他根据不同植物每朵花的孢粉数量，估算了植物的孢粉产量，但由于精确度较低，一直没有引起重视。后来 Andersen（1970）提出相对生产力的概念。Herzschuh 等（2003）对西阿拉善地区孢粉相对生产力进行研究，但 Andersen 和 Herzschuh 的相对生产力仍然主要用来表示孢粉对植被的代表性，与 Davis（1963）的 R 值概念相近，而非真正意义上的孢粉产量研究。无论国内还是国外，关于孢粉产量研究进展非常缓慢，没有取得突破性的研究成果。但孢粉产量的研究，将影响到地层孢粉谱的正确解释，因为目前有关孢粉谱的解释多数假定孢粉数量等同于植被数量，而实际上不同植物具有不同的孢粉产量，在孢粉谱中含量较高的孢粉类型或许只是孢粉产量较高，而相应的植物数量并不多。许清海等（2006）提出可以通过孢粉通量来研究孢粉产量。在一个相对单一的纯林内平行放置孢粉捕捉器（越多越好），以收集林地的孢粉通量，除去外来孢粉，再加上流出的孢粉量即该林地的孢粉产量。

1.1.2 孢粉的传播、搬运与沉积

孢粉传播和搬运的途径主要有风力、流水和昆虫等，之后再沉积到不同的沉积物中。孢粉传播和搬运的途径不同，其散布的距离和方向以及沉积过程是完全不同的。了解孢粉的传播、搬运和沉积过程，是正确认识和解释地层孢粉的重要条件。

（1）风力传播

风力传播是孢粉最主要的传播途径之一。孢粉粒的直径一般在 10～200μm，体轻，有些还具有气囊，可以被风力传播到较大范围。如松、云杉、椴等花粉均可飘飞 1 000 多 km。花粉传播与风力作用与大尺度空气环流密切相关，需要结合当地的地形、气候等观测资料，并在特定区域内进行研究。

（2）流水搬运

河水搬运是孢粉传播的另一种重要方式。植物开花后，孢粉随

风飘落在植物体周围或被风吹到他处，成为表土孢粉。表土孢粉遇到降雨形成的地表径流，便会被流水带到河流中成为冲积物孢粉。冲积物孢粉与湖泊、沼泽等沉积物孢粉有着完全不同的沉积过程与机理。冲积物孢粉由于河流搬运孢粉过程中存在再均匀、再搬运及分选作用，所以国际学术界关于冲积物孢粉存在着一些争议。争论的焦点是孢粉在河水中是否存在分选作用。Hall 等（1989，1990）认为冲积物孢粉虽被搬运，但在河水中多以悬移质存在，分选作用不明显，冲积物孢粉可以用来恢复古植被、古气候。Fall（1987）等则认为冲积物孢粉作为沉积颗粒被河水搬运，搬运过程中经历了明显的分选作用，冲积物孢粉不能用来恢复古植被、古气候。许清海（1995，1996，1998）对滦河流域 13 个水文站不同时期（枯水期、丰水期和平水期）新鲜冲积物孢粉分析表明，冲积物孢粉组合受流域内植物花期影响，冲积物孢粉反映的是取样点上游植被面貌，而非取样点周围植被特征。

（3）昆虫和鸟类搬运

昆虫和鸟类对孢粉的传播也起着不容忽视的作用。

（4）湖泊沉积

经过各种方式的传播和搬运，孢粉会在地表、湖泊、沼泽、海洋等环境下沉积下来，成为研究古植被、古气候、古环境的重要代用指标。现代孢粉沉积可以反映两种不同尺度的规模，一种为原地沉积，如水生孢粉和林下表土孢粉，主要反映原地单一植被类型；另一种为长途和远距离的沉积，以湖泊孢粉为代表，反映该湖泊整个流域不同植被类型的混合，包括从分水岭、上游、下游至湖滨多个不同植被类型，因而对孢粉谱的解释有更多的不确定性。这样利用湖泊孢粉资料进行古环境重建时，湖泊孢粉的来源及其与植被的关系是必须解决的首要问题。湖泊的大小、有无河流注入都会对湖泊孢粉沉积产生重要影响。

1.1.3　孢粉保存与鉴定

通常，在林中进行植被调查和孢粉取样时，记名样方中的植物种类成分，不能全部出现在样方内的表土孢粉组合中，孢粉组合中的孢粉成分，也不全是在样方中有记录的。或者说，表土样品中出现的不全是所在群落生长植物的孢粉。在假设孢粉鉴定正确率极高的情况下形成这种植物与孢粉种类成分不一致的现象主要是由于孢粉保存和外来孢粉。

（1）孢粉保存

孢粉自母体掉落，直至成为孢粉组合的一分子，有许多因素都可影响甚至决定孢粉在土壤中的保存状况。孢粉自身的特点，如孢粉壁的薄厚，孢粉粒的大小，孢粉素的含量等是孢粉保存差异的内在因素；氧化作用，土壤的 pH 值，干湿度变化，有机质含量和微生物作用等是孢粉保存差异的主要环境因素。

在表土中出现的孢粉种类只是当地植物种类的一部分，始终有一些当地植物孢粉没被捕捉到。然而，没有出现的孢粉并不就是不能保存，因为一些孢粉产量小的种类，或者是孢粉不易保存的种类，孢粉出现的随机几率较小，只有统计到足够数量的孢粉时，才可能遇到。

（2）孢粉鉴定

这是困扰广大孢粉工作者的一个普遍存在的问题。就目前第四纪孢粉鉴定的水平来说，不准确的鉴定经常是难免的。错误的鉴定，有时候会造成植被分析的严重错误，例如将柽柳鉴定为栎，将大黄鉴定为漆树等。目前最大的问题是只能鉴定到科或者属，而无法鉴定到种水平。

1.1.4 孢粉与植被的关系

（1）孢粉能较好地指示当地植被

应用孢粉分析来划分、对比地层，确定地层年代和恢复当时的古地理、古气候面貌的主要原理，就是在于不同的地质时期、不同地理、气候环境下生长着不同的植物群，因而产生了不同的孢粉组合；反之，具有相似的孢粉组合。沉积物中的孢粉组合的特征基本上能反映当时地面植物群的面貌，大气中的孢粉雨基本可代表当地的植物群面貌，表土样品中的孢粉组合能较好地反映与植被的关系。因此，孢粉对植被具有较好的指示性。

通过植物化石和孢粉分析资料，揭示历史植被和环境变化早已发表过若干论著。但因历经数千乃至数万年保存下的化石或孢粉，仅是过去历史植被保留下的一个很不完备的缩影，因此想对其资料作出科学乃至定量的解释更为困难。尽管学者们已从研究方法、技术路线上做了若干基础性的工作，但因现代植被产生的孢粉雨和历史植被产生的孢粉组合取决于研究区植物区系组成、层次结构、孢粉产量、传播能力以及保存状况，从而造成湖沼沉积和河湖相冲积物中保存下的孢粉相对和绝对含量与自然植被之间的量的关系变得更为复杂。

因此，国内外学者对孢粉代表性进行数值分析，对现代大气孢粉、表土孢粉与现代植被、气候间的相互转换关系进行相关研究，试图进行定量分析。目前对孢粉与植被关系的研究主要有三种方法（许清海，2006），但总体来说，现代表土孢粉研究中，由于较少进行植物和群落生态特征调查，因而，利用孢粉资料恢复古植被多数只能分辨到植被带，如森林带、草原带、荒漠带等，很少能恢复到群落，这使得孢粉与植被关系定量研究还没有取得突破性进展。

（2）影响孢粉谱正确反映植被的几种因素

概括起来，影响孢粉正确反映植被的因素有以下三方面：

① 孢粉自身的因素。由于孢粉外壁的坚固程度不同，进而影响其在地层中的保存。例如，杨属花粉外壁较薄，比其他花粉容易被破坏，因而在地层中不易保存。孢粉本身的飞翔能力也不尽相同，也是孢粉谱不能很好反映植被的因素之一。如，在无森林区的孢粉谱中，有时会发现大量松科花粉，而这些花粉往往是由数百公里以外飞来的，在遇到这种情况时，绝不能做出本区域有松树林存在的虚假结论。不同植物的孢粉产量各不相同，也对孢粉谱正确反映植被有很大的影响。

② 自然环境对孢粉谱的影响。一般孢粉的传播动力是风、水及昆虫等，其中尤以风、水对孢粉的传播影响较大，因为风力的大小

和风向都会直接影响孢粉的组成；其次如水流，流向，孢粉分选的程度和富集的部位也都各不相同。沉积物的地形，沉积物中孢粉的分选性等也对孢粉谱有影响。

③ 人为因素对孢粉谱的影响。野外采集样品时，可能不慎混有现代的孢粉或者其他地层的孢粉的污染，实验室碎样不当破坏孢粉或制片时样品搅混不均匀，以及鉴定者个人的水平，都会在一定程度上影响孢粉组合的构成。

上述的各种影响孢粉组合正确反映植被组成的因素，对第一、第二类因素可以根据孢粉传播和产量研究不断深入，逐渐总结各种孢粉的特点以减小误差；而对于人为因素，应在工作中注意，尽量避免。

1.2 植物种对环境的指示作用

植物是环境的标志性生物，通常情况下，植物对环境的适应是有一定限度的，环境变化幅度过大，超出了植物适应的限度，就必然导致植物群落面貌的改变，进而影响植物带的分布。因此，植被与环境的关系一直是植被研究的重要方面，目的在于寻找不同植被类型与以热量和水分为主的环境因素之间关系的规律。有的植被分布在一定气候带内的显域环境，即主要受大气候支配，排水良好、土壤质地适中的相对平坦地段，呈现为连续且有相当宽度的带状，称为地带性（显域）植被（Zonal vegetation）。另一些植被的分布与某类土壤联系更为密切，以至同样的植被分布于不同气候带的相似土壤上（例如石质土、沙土、盐渍土、沼泽土、渍水土、贫瘠土等），称为非地带性（隐域）植被（Azonal vegetation）。

在自然因素中，植物对生存环境的反应最为敏感，很多植物对于周围环境及气候干湿冷暖有很好的指示作用，因此，对区域主要种和属的环境指示作用进行分析，能对植被重建提供重要的基础资料。以干旱气候为主导的新疆，以水过程为主导形成了山地生态系统、荒漠生态系统和绿洲生态系统。在各个生态系统中，一些重要建群植物物种对植被类型和当地环境及气候都具有典型的指示意义：

黎科（Chenopodiaceae）植物共有 130 属 1 500 种，为草本、半灌木，分布于欧亚大陆、南北美洲、非洲以及大洋洲的荒漠、干草原及滨海盐碱地。黎科植物是在半干旱气候下长期演化形成的，中亚干旱、半干旱区是黎科植物的主要分布区（朱格麟，1996）。黎科植物在荒漠区属种多，分布广，其中许多种，如梭梭柴、假木贼、小蓬等属的一些种为荒漠植被的重要建群种。

蒿属（*Artemisia*），菊科，为草本、亚灌木或灌木，喜冷湿，广泛分布于北半球温带地区，是草原和荒漠草原的建群种，尤其是在草原区的沙地上特别发育。在草原中种属最多的是菊科，而菊科中以蒿属作用最大。但蒿属不同的种生态差别也很大，有的种，如水蒿可以生长于水边，但也有超旱生类型，为新疆小半灌木荒漠的建群植物。

黎科及蒿属孢粉在非乔木孢粉中是量大而传播能力最强的类型，因此在各种类型植被下的表土中部可以见到，在干旱地区的表土中往往占有优势。有人在研究中东地区表土孢粉时发现，这两类孢粉百分含量有指示干旱区植被生态的意义（Moslinmany，1990）。为更准确地认识和理解这两类植物与孢粉间数量关系，阎顺（1998）进行了相关统计分析。通过对 32 个孢粉取样点在蒿属与黎科植物孢粉之间建立二个一元回归方程，发现二者具有相似的特性，当黎科和蒿属在植被中明显为优势，或其盖度达到 30%以上时，孢粉百分含量与植物在植被中出现的数量是相当的。只有在植物盖度甚小时，其孢粉的百分含量将有所偏高。

沙拐枣属（*Calligonum*），蓼科（Polygonaceae），为沙生超旱生灌木，在新疆主要分布于荒漠、荒漠草原地带，在覆沙地段可以组成优势群落。

白刺属（*Nitria*），蒺藜科（Zygophyllaceae），为旱生落叶灌木，主要分布于荒漠、荒漠草原地带，共 7 个种，其中 3 个种（*Natraria sphacrocarpa*、*N. sibirica*、*N. roborovskii*）为荒漠的建群植物。在新

疆主要出现在荒漠、荒漠草原、草原，甚至高山草甸中，但比例一般不超过 5%。

麻黄属（*Ephedra*），麻黄科（Ephedraceae），是典型的干旱区植物，为灌木、亚灌木，主要分布于荒漠、荒漠草原中，其中两个种（*Ephdra przewalskii*、*E. disiachya*）为荒漠植被的建群种。由于麻黄孢粉传播能力很强，在很多地区都可以见到麻黄孢粉，但少量麻黄孢粉的出现是没有生态学意义的。

香蒲属（*Typha*）主要生长在淡水的沼泽和湖泊，比芦苇更靠近湖泊中心（中国科学院新疆综合考察队，中国科学院植物研究所，1978）。香蒲与禾本科伴生往往指示湿润的水生环境（Horowitz，1992）。大多指示隐域环境，不具有指示地带性植被的意义。

禾本科（Gramineae）植物是典型的中生草本植物，广泛分布于草原区、湖沼区以及其他一些地区，生态幅很广。

莎草科（Cyperaceae）植物都是草本植物，主要为陆生，也有较多的水生种，指示较为湿润的水生环境。大多指示隐域环境，不具有指示地带性植被的意义。

云杉属（*Picea*）是耐寒裸子植物，普遍分布于北半球中的高纬度地带，主要指示高海拔的冷湿环境。我国寒温带、温带山地及亚热带的高山地带均有分布，共有 16 种、9 变种。广布于东北、华北、西北、西南及台湾等省区，常组成大面积纯林，或与其他针叶树、阔叶树混交成林。

第 2 章　生物群区化与古植被定量重建

　　在 20 世纪末期，Weber 等人在晚冰期以来的泥炭沉积中发现孢粉并实现高精度鉴定，从而开创了用孢粉再造过去时期植被的最早认识（Moore et al.，1978）。目前化石孢粉与古植被重建的研究方法主要有三种：第一种是依据孢粉粒统计分析进行古植被研究，主要运用生物统计的方法，将所研究地层剖面的化石孢粉谱直接与其周围一定范围内已知植被类型孢粉谱进行对比；第二种是基于 Davis（1963）提出的 R 值以及后来 Anderson（1967），Paversons 和 Prentice（1981）及 Webb（1981）等进行修正后的 R 值模型等，直接建立孢粉与植被间的校正系数；第三种是 Prentice 等（1996）通过孢粉与现代植物的生态学特性的对比，把孢粉类型（Taxa）划分成不同的植物功能型（PFTs）组合构成生物群区类型（Biome），进而提出了古植被复原的生物群区化方法（Biomisation）。这是现在应用较多的古植被定量重建方法，比较目前其他孢粉—植被转化法，它被认为是一种优秀的恢复全球尺度古植被的制图法。我们在进行新疆全新世植被重建时使用的正是此方法，这里将重点进行详细介绍。

2.1　生物群区化（Biomisation）

2.1.1　相关概念

（1）BIOME 6 000

BIOME 6 000，又称为"全球古植被计划"，是"过去全球变化"

的主要研究内容。"过去全球变化"是国际地圈-生物圈计划（IGBP）的核心项目。BIOME 6 000 的最初目标是通过建立 6 000（±500 年）年前至今和 18 000（±1 000 年）年前至今的孢粉和植物大化石数据集，运用客观方法对这些古生态记录进行直接整合。这是两个很具代表性的时段，全新世中期代表了气候的高温暖湿和植被的纬向北扩及经向东西移动，末次盛冰期则代表了末次冰期以来最寒冷干燥的气候和植被的南迁。"全球古植被计划"的最终目标在于收集全球范围内的孢粉和植物资料作为重建古植被的基本依据，应用 Biomisation 方法，以现代植物的功能型分类作为桥梁，将植物孢粉类群划分为一个或多个植物功能型，利用植物功能型组合成生物群区类型，从而实现利用古生态数据模拟重建陆地生物群区的全球综合，为耦合的大气圈-生物圈模型提供检验的标准和依据（Prentice & Webb Ⅲ，1998；Prentice et al.，2000；倪健，2000），并为古生态数据的综合与定量研究开辟新的途径。就全球而言，目前欧洲孢粉数据库（EPD）、北美洲孢粉数据库、非洲孢粉数据库（APD）、澳洲孢粉数据库、俄罗斯孢粉数据库以及中国孢粉数据库（CPD）等都已初具规模并正在不断完善之中。

（2）植物功能型（PFTs）

植物在漫长的进化和发展过程中，与环境相互作用，逐渐形成了许多内在生理和外在形态方面的适应对策，以最大程度地减小环境的不利影响，这些适应对策的表现即为植物性状，也称为植物功能性状。所谓"植物功能性状"是物种长期进化过程中适应不同环境而产生的易于观测或者度量的植物特征，如植物生活史特征、繁殖特征、生理生态学特征等，这些植物性状存在与否或多度如何可以量化环境（如气候）和植物响应的相互关系，同时也反映了植物种所在的生态系统的功能特性（Cornelissen et al.，2003）。在最近的十年里，植物功能性状与植物功能型两个概念相结合，被广泛应用到植物生态学和全球变化生态学的研究中（Westoby et al.，2002）。

植物功能型的概念源于植物群落学研究。100 多年前的植物群落学家就开始考虑依据植物对环境的适应和表现进行植物归类。植物功能型可被定义为对环境条件具有相似响应的一组植物种，它反映了植物的生态外貌和气候适应性等生物和环境因素（翁恩生，2004）。植物功能型是指在组织水平上拥有相似的功能、对环境因子有相似的响应和在生态系统中起相似作用的所有植物种的组合，它代表着陆地主要生态系统中的优势种或主要成分的植物组合，由植物种的生态外貌和气候适应性等生物和环境因素来限定。

在运用 Biosimation 方法进行古植被和古气候重建时，主要遵循孢粉数据→植物功能型→生物群区→古气候的路线进行，可以看出，植物功能型的确定是核心。利用可观测的外貌和生物气候准则，植物种可被划分成植物功能型。生物群区可被定义为优势植物功能型的联合，这样就建立了古植被记录与生物群区模型输出结果的联系，二者可达成一致性。植物功能型概念的运用成功解决了古生态记录分类的问题，首先它削减了分类群的数量，其次它是以生态学的而不是系统发育的角度来相互比较不同地区的植物（倪健，2000）。

（3）生物群区（Biome）

生物群区是生态系统单元中的最高层次，现已广泛应用于生物多样性和全球生态学的研究中。国际上有多种定义，如"在一个地理区域内的，面向同一气候条件，并有着相同生活周期、气候适应性与自然结构的优势种的一系列生态系统"，"是一个基本的植被单位，由一些大的生态系统组成，有相对一致的气候、土壤等环境特征"等。这些定义中具有共性的是都认为生物群区是具有一定气候代表性的生态系统类型的区域，其中既有类型的概念，也有区域的意义。一般来说，生物群区指生存于相似自然环境中的所有生态系统类型的集合，以植物功能型的特殊组合为特征，由在同一自然环境中生存、生长和繁殖并占据优势的植物功能型来定义。需要说明的是，传统的生物群区定义不仅包括植物区系，也包括动物区系。但应用生物群区化方法进行古植被重建时所研究的对象未涉及动物和微生物，因此，这里所用到的"生物群区"专指植物群区（倪健，2000）。

（4）生物群区化（Biomisation）

利用孢粉记录重建古植被的研究，经历了从定性描述到半定量重建的过程。这些重建方法都存在一定的不足，主要体现在这些研究往往对单个点的研究比较细致和全面，对区域乃至全球尺度的集成和比较却显得力不从心。随着国际上对古全球变化研究的深入，人们开始致力于大尺度古植被的定量重建研究。1996 年，Prentice 依托 BIOME 6 000 国际协作计划创建了孢粉生物群区化方法，并首先在欧洲地区利用生物群区法将孢粉数据转化为植被模型。生物群区化方法以全球变化研究的植物功能型概念作为纽带，把孢粉类群与生物群区联结在一起，定量重建一个地区乃至区域、洲际和全球的古植被格局。该方法通过计算机过程，采用输入现代孢粉，经过功能型植物组合和优选，得到植被输出，其模拟的植被再由现代植被检验和改进完善。利用这样获得的孢粉与植被关系进行古植被模拟，可以克服孢粉与植被中某些不确切因素和目前还未被认识的复杂关系，减少模拟的任意性，使模拟结果更为可靠。

2.1.2 生物群区化的基本思路、步骤及应用[①]

生物群区化的基本思路是首先根据植物生态学的基本原理，把代表植物的孢粉类型划分为特定的植物功能型，根据已知的植物地理和植物气候特征可把不同的植物功能型组合成生物群区，进而表土孢粉组合拟合成现代植被。这样建立起来孢粉类型与生物群区的对应关系，并利用到化石孢粉组合用以定量重建古植被。孢粉植被化计算机运行过程如图 2-1 所示。根据植物生态学基本原理，把代表植物的孢粉类型划分为特定的功能型植物（PFT），根据已知的植物地理和植物气候特征把不同的 PFT 组合成生物群区，进而把表土孢粉拟合成现代植被。这样建立起孢粉与植被的对应关系，再应用到化石孢粉以模拟古植被。

---

① 倪健. BIOME6 000：模拟重建古生物群区的最新进展[J]. 应用生态学，2000，11：465-471.

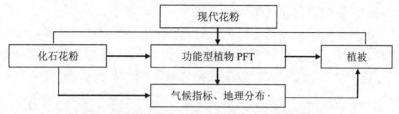

图 2-1　孢粉植被化模拟流程图（引自于革，1999）

注：框图纵向代表模拟现代过程，横向代表模拟古代过程。

（1）孢粉类群归并为植物功能型

将繁多的孢粉类群划分为若干的植物功能型是对现实植物种类的简化，植物功能型体系的定义依赖于特定研究的背景、尺度和要解决的问题。PFTs 必须建立在已有的生态学观测特征之上，但到目前为止还没有一个大家普遍接受的 PFTs 分类，因此很有必要在一特定的基础上建立一个普遍适用的 PFTs 分类。一般来说，PFTs 的划分主要依据植物的生活型（如乔木、灌木）、叶型（如针叶、阔叶）和物候（如常绿、落叶），一个地区的植物可用这些准则划分为许多 PFTs，包含了许多生物气候信息，因为由这些标准所定义的全球 PFTs 分布很大程度上是被气候控制的。

在划分植物分类群时，由于进行了实验研究的物种数量有限，所以除了利用实验数据外，还应利用已知的生物气候范围来划分单个植物群，根据这些标准定义的 PFTs 往往在很大程度上受到气候的控制。基于孢粉类群所包含的植物种的生物学特性及其生物气候特征，每个孢粉植物类群可以归并到一个或多个植物功能型中。该步骤产生一个植物功能型对孢粉类群的矩阵：PFT vs. pollen taxon matrix。孢粉类群植物与植物功能型的对应关系构成了由 0，1 两种数值组成的二维矩阵，当孢粉类群赋予某个植物功能型时，则取值为 1，否则为 0。

（2）以植物功能型组合定义生物群区

以特征植物功能型组合定义生物群区类型，产生一个生物群区对植物功能型矩阵：biome vs. PFT matrix，一个生物群区可由一种或几种植物功能型组成。植物功能型与生物群区的对应关系构成由 0，1 两种数值组成的二维矩阵，当植物功能型赋予某个生物群区时，则取值为 1，否则为 0。生物群区的植物功能型组成表中的生物群区类型的排列顺序作为不同生物群区具有相同得分时选择生物群区的优先级别。

由于没有植被类型划分为生物群区的标准分类，在运用生物群区化方法时面临着采取何种生物群区定义的选择。所选择的生物群区分类可以是独立的，不必依附于任何模型，BIOME 系列模型的生物群区分类也是有局限性的。例如，它无法从森林类型中区分出稀树草原和疏林，而这样的差异的区分可通过鉴别不同的花粉类群在孢粉学上实现。因此，可以采取新的生物群区分类方案，以增强生物群区化方法的模拟能力。

（3）将孢粉类群转化为生物群区

通过上述两个步骤，可建立两个矩阵："孢粉分类群-植物功能型"矩阵和"植物功能型-生物群区"矩阵。前者表示孢粉分类群属于该植物功能型，后者表示该植物功能型属于该生物群区。这两个矩阵融合在一起，可产生一个"孢粉分类群-生物群区"矩阵，表明哪些孢粉类群可以存在于哪个生物群区类型中。

孢粉分类群可划分为不只一个 PFT，但我们可以利用少数"指示分类群"的信息，尤其是孢粉谱中广布分类群占优势的那些生物群区来建立孢粉类群和生物群区之间的联系。例如，Yu 等（1998）区分草原和荒漠的部分基础是规定 Artemisia 为草原特征而 Chenopodiaceae 为荒漠特征，从实验数据可知这些孢粉的相对丰度沿荒漠和草原之间的梯度发生变化。虽然该规定有一定的缺陷，因为两个分类群在荒漠和草原都普遍存在，但它仍然为以孢粉分类群定义生物群区提供了可能性。

（4）计算相似性得分

当确定了"孢粉分类群-生物群区"矩阵之后，可以计算孢粉分类群组合与给定生物群区之间的相似性得分（affinity score），以反映出所有的信息总和，支持孢粉分类群组合到该生物群区的归并。

任意给定的孢粉谱和生物群区的相似性得分由以下公式计算：

$$A_{ik} = \sum_j \boldsymbol{\delta}_{ij} \max[0,(P_{jk}-\boldsymbol{\theta}_j)]$$

其中生物群区 $i= 1, 2, \cdots, m$，$m =15$（共 15 种生物群区类型）；$k=$孢粉样品编号，则 A_{ik} 为孢粉样品 k 在第 i 类生物群区中的得分，选择高得分所属的生物群区类型为该样品的生物群区类型；$j=1, 2, \cdots, kn$，kn 为样品 k 的所有孢粉类群；求和是对所有的分类群 j；$\boldsymbol{\delta}_{ij}$ 是生物群区 i 和孢粉类群 j 构成的二维矩阵；max 即是在 0 与 $P_{jk}-\theta_j$ 的区间内取最大值，也就是保证其不为 0；P_{jk} 是矩阵 A 中样品 k 内第 j 类孢粉类群的百分率；θ_j 是孢粉百分率的阈值，其作用主要在于过滤一些孢粉长距离传输污染所带来的噪声，即小于该值的孢粉不参与运算；平方根运算有助于消除因不同孢粉类群孢粉产量差异巨大造成的"歪曲"的效应，并使孢粉数据正态化，从而稳定变量并增强较小百分比孢粉的作用。

从上述公式可以直观地看出，一个生物群区的得分并非简单地取决于所有孢粉的百分比含量，相反，对得分的贡献依赖于孢粉种类的多少以及每种孢粉百分比含量的大小。例如，假设简化 $\theta=0$，两种孢粉每种含量 10%，对生物群区得分的贡献为 $2\times\sqrt{10} =6.32$；4 种孢粉每种 5%，对得分的贡献为 $4\times\sqrt{5} =8.94$；8 种孢粉每种 2.5%，对得分的贡献为 $8\times\sqrt{2.5} =12.65$，以此类推。

阈值 θ_j 的选择问题较多，Prentice 等（1996）对所有分类群都规定为 0.5%，因为相对较少分类群所组成的生物群区会拥有差不多相等的得分，该阈值的应用降低了错误归并的几率。然而，有一些飞行能力强的孢粉能散布到几十到几百公里之外，如松属（Pinus）等乔木花粉，其孢粉粒可能会高于阈值但孢粉分类群并没有自然存在于取样点附近。解决这个问题的简单办法应是设置较高的阈值，如 5%或 10%，但这会丢失大量信息并增强某些代表性不高的孢粉分类群的作用。另外，可根据经验设置一些因分类群而异的阈值。但这些阈值不仅依赖于分类群，而且依赖于它在较大地区的丰度，以现在状况而定的阈值并不适用于孢粉分布不同的过去状况。因此，应选择一个较低但非零的一般性阈值，记住该值会对现在和过去的结果产生偏差，并用表土样品对这种偏差进行校验。

（5）植被重建（确定生物群区）

通过上面的公式计算，每个孢粉样品便归并到拥有最高相似性得分的生物群区。当两个得分完全相等时，则根据"子集优先"的原则取舍，即优先采用由最少数量的分类集群所组成的生物群区类型。Williams 等（1998）提出另外的规则，包括得分的标准化，其效果是相似的，即较少分类群组成的生物群区可有效地通过缺少的分类群鉴别出来。这种方法重建的古植被（生物群区）是由特定的生物气候因子所限定的，从而为检验现代植被—气候模型提供了参数，同时也为 GCM 模型提供了边界条件。该方法被用来模拟由 CO_2 导致的全球气候变化，以及植被的长期变化。同时，被用来检验过去全球气候变化图景下的生物圈变化。

（6）古植被制图

在步骤一和步骤二完成后，可将所形成的孢粉类群×植物功能型矩阵以及的植物功能型×生物群区矩阵读取到 Biomisation 软件中，程序自动完成矩阵的融合、相似性得分的计算以及生物群区类型的确定。获得所有孢粉点的生物群区类型之后，可以应用绘图软件绘制生物群区空间分布图，即完成古植被制图过程。

以上步骤所产生的古植被图，均以不同颜色的数据点表达，每种颜色代表一种生物群区类型。这种形式能清楚显示数据的来源，指出较大或较小可信度的区域，以及强调没有数据的地区而使其成为野外工作的优先重点。由此而产生的植被图有许多用途，例如：它是评价古气候模拟的基准点；用来检验生物地球物理假说。图形化的古植被数据既可用于帮助设计敏感性实验，又可用于评价耦合的模型结果；有助于估测与植被类型有关的生物圈变量的变化，如净第一性生产力（NPP）、碳储量以及 CH_4、CO_2 等重要痕量气体的通量。

2.2 生物群区化与全球古植被定量重建

自从 BIOME 6 000 国际协作计划和孢粉的生物群区化（Biomisation）方法问世以来（Prentice et al., 1996），基于孢粉的古植被大尺度重建开始逐步定量化。截至目前已经完成了全球绝大多数地区的孢粉－古植被的定量重建工作（Prentice and Webb Ⅲ, 1998；Prentice and Jolly, 2000），包括欧洲（Prentice et al., 1996；Elenga et al., 2000）、前苏联和蒙古地区（Tarasov et al., 1998；Tarasov et al., 2000）、印度次大陆（Jolly et al., 1998；Elenga et al., 2000）、澳大利亚、东南亚及太平洋地区（Pickett et al., 2004）、北美洲（Williams et al., 1998；Williams et al., 2000；Thompson & Anderson 2000）、南美洲（R.Marchant et al., 2001，2002，2004）、非洲（Jolly et al., 1998；Elenga et al., 2000）以及泛北极地区（Edwards et al., 2000；Bigelow et al., 2003；Kaplan et al., 2003），这其中也包括中国全新世中期和末次盛冰期的古植被定量重建（Yu et al., 1998；于革, 1999；Yu et al., 2000；中国第四纪孢粉数据库小组, 2000, 2001；Ni et al., 2010）。这些工作，收集了全球范围内的孢粉和植物资料，实现了利用古生态数据模拟重建陆地生物群区的全球综合，为耦合大气圈-生物圈模型提供检验的标准和依据（Prentice & Webb Ⅲ, 1998；Prentice et al., 2000；倪健, 2000），并为古生态数据的综合与定量研究开辟了新的途径，有助于探讨全球的古植被分布格局的变化、古生物多样性的变化及其与古气候演变的关系。

2.2.1 生物群区与全球古植被重建

从全球古植被重建的结果来看，表土孢粉记录所恢复的大部分地区的现代植被格局与不同地域的现代植被图总体特征相吻合，但重建的全新世中期和末次盛冰期古植被格局与当代植被有显著差异（Prentice et al., 2000）。

（1）全新世中期（6 000 年前）全球古植被重建

从重建的全球全新世中期古植被格局来看，北极森林界线在某些地区有轻微的北移迹象；北部的温带森林带通常向北迁移较远的距离；欧洲的温带落叶林大范围向南（地中海地区）和向北扩展；草原入侵森林的现象出现在北美内陆，却没有出现在中亚地区；中国大陆的森林扩张；非洲的热带雨林呈减少趋势（Prentice et al.，2000）。

在全新世中期的环北极地区北部，森林植被北移、苔原退缩，但北移距离最多仅 200～300km，在全球古植被图上表现并不明显，但这种细微的变化对气候模拟却显得非常重要，因为它会引起北半球能量平衡的变化（Prentice et al.，2000）。处于中纬度的欧亚大陆北部地区森林带和中国常绿阔叶林和混交林界线也都呈很小的幅度向北移动。北美五大湖区和加拿大内陆西部地区，草原扩张、森林退缩，显示出大陆中部干旱的气候特征（Williams et al.，2000）。在欧洲东南部和亚洲中部，森林植被却进入了今天的草原地区（Tarasov et al.，1998）。环地中海地区温带落叶林向南扩张，显示当时的气候比现在更为湿润。处于季风区的非洲北部变化最为明显，撒哈拉沙漠显著减少，撒哈拉植被带以较大幅度整体北移（Prentice et al.，2000）。

（2）末次盛冰期（18 000 年前）全球古植被重建

末次盛冰期全球古植被重建的是一个与现今完全不同的冰期景观，苔原和草原扩张并在欧亚大陆北部逐渐混合；欧洲和东亚草原大范围扩张；北半球的森林向南迁移，北方常绿森林和温带落叶林呈碎片状；非洲的热带湿润森林有所减少；北美洲的西南地区，荒漠和草原被开阔针叶疏林取代（Prentice et al.，2000）。虽然末次冰期的孢粉数据相对较少，但从全球各地的分项研究也能看出当时寒冷干燥的气候背景。

欧亚大陆和北美洲的植被向赤道后退，森林面积减少，呈碎片状分布，温带落叶林分布非常有限，更多耐寒森林的南侵以及非森林植被的扩张是形成这种现象的主要原因。中亚和西伯利亚苔原大幅度向南扩展（Edwards et al.，2000），苔原和草原在欧亚大陆形成了一条很长的交错区，目前的这种交错区只在少数干旱地区存在。而由于 Laurentide 冰盖的存在，美国西南部当前的草原或者荒漠植被当时是开阔针叶疏林（Prentice et al.，2000）。赤道和南半球热带非洲地区的末次盛冰期孢粉数据很少，仍可看出常绿阔叶林和混交林海拔高度下移，草原入侵到现在的森林地区（Elenga et al.，2000）。

2.2.2 生物群区化与中国古植被重建

中国的孢粉学家积极参与了 Biome 6 000 项目，对中国全新世中期和末次盛冰期古植被进行了定量重建（Yu Ge et al.，1998；于革，1999；Yu Ge et al.，2000；中国第四纪孢粉数据库小组，2000，2001；Ni et al.，2010）。除此之外，还在海南岛、台湾以及南海等地进行了区域性的植被重建研究（于革，1998；孙湘君等，1999；倪健，2001；Yu Ge et al.，2003；陈瑜等，2008）。近年来有学者对中国的第四纪晚期孢粉进行了整理并模拟了生物群区（倪健等，2010；Ni et al.，2010），并利用表土孢粉数据对中国的生物群区进行了模拟（Chen et al.，2010）。倪健（2000，2002）对 Biomisation 方法和 Biome 系列模型进行了较为详细的介绍，Harrison（2010）对植物功能型分类又进行了讨论和改善，这些工作对于该模型和方法在中国古植被的模拟和重建以及后续的气候研究都很有作用。

（1）表土孢粉模拟的中国生物群区（中国第四纪孢粉数据库小组，2001；Yu Ge et al.，2000）

生物群区化方法的关键是要建立可检验的和可靠的生物群区化模型框架。表土孢粉是进行化石孢粉分析的基础，是沉积下来的现代"花粉雨"，可以反映现代植被的结构，而现代植被是可观察的，利用表土花粉记录重建的生物群区和现代植被的比较分析可以检验生物群区化方法的可靠性，也可以对阈值 θ_j 等参数进行调整，从而更好地修正生物群区化方法在区域尺度的应用。因此，表土花粉是校准花粉生物群区化模型的关键资源。

中国第四纪孢粉数据库小组于 2001 年集全国之力，将 641 个表土孢粉资料，利用孢粉生物群区化方法，建立了具有 686 个孢粉类群、31 类植物功能型和 14 种生物群区的孢粉生物群区化模型。

所有孢粉数据均是来自中国第四纪孢粉数据库提供的原始数据。这些表土样品基本覆盖了全国的主要生态类型区，但是样品点分布不够均衡。西部样品点较少，东部样品点较多，在局部有大量的样品点存在，主要用于反映海拔高差的变化，如在台湾省，共有 36 个样品均在同一山体，共模拟出 2 种生物群区，低海拔为热带季雨林，较高海拔为常绿阔叶林。在数据质量控制方面，去除孢粉样品中的水生植物花粉、蕨类、藻类等，使其不参与生物群区化模型运算。模型运算需要一定统计数量的花粉，否则，容易造成"噪声放大"，使模拟结果"歪曲"，因此，为提高孢粉样品模拟运算的稳健性，剔除那些陆生种子植物花粉统计数量少于 40 粒的孢粉样品。一些来自农业区的大气飘尘样品，由于人为干扰太大，难以反映自然植被状况，不能用来校正生物群区模型也予以剔除。

根据中国第四纪孢粉数据库小组的研究成果，共有 10 种生物群区被模拟出来，它们分别是寒温带落叶森林、寒温带混交林、冷温带混交林、荒漠、草原、泰加林、温带落叶林、热带季雨林、冻原和常绿阔叶林/暖温带混交林。热带雨林、热带干旱森林/稀树草原、寒温带针叶林和旱性疏林/灌丛四种生物群区没有被模拟出来，这主要是由于热带雨林、热带干旱森林/稀树草原在中国仅在小范围内出现。不能形成地带性的植被，这些地区也没有表土样品，此外旱性疏林/灌丛在地中海是很典型的植被类型，在我国西南部的干热河谷地带也存在相似的群落特征，由于没有这些区域的表土样品，因此未能模拟出来。寒温带针叶林是较难以界定的生物群区，容易与北方森林的其他类型混淆，由于分布区域较小，表土样品较少未能将其模拟出来。

经过检验，表土花粉的生物群区化结果与现代生物群区分布有较理想的吻合，证明该表土花粉的生物群区化模型是较可靠的，可用于重建中国区域内过去关键地质历史时间段的古生物群区和进行生物群区的时空动态分析。

（2）中国中全新世（6 000aBP，即距今 6000 年前，下同）古植被重建（中国第四纪孢粉数据库小组，2000）

中全新世（6 000aBP）是地球最近历史时期平均气候状况中极端高温高湿的一个关键时段，研究这个时段的生物圈状况、气候系统特征及生物地球化学循环过程等地球系统行为，为深入了解地球系统的演化机制和历程提供了重要的科学基础。中国第四纪孢粉数据小组集全国孢粉学家之力，共搜集了 116 个 6 000±503aBP 孢粉数据，根据生物群区化方法重建了中国中全新世的生物群区，并与现代生物群区进行了叠加分析。结果表明：从森林区的变化看，内蒙古东南部至青藏高原东北部，森林明显向草原区推进，气候湿润；东北地区森林却有所退缩，呈现一定的旱化迹象；黄土高原区的植被变化趋势不明显。从温带落叶阔叶林的变化看，东北东部湿润区，温带落叶阔叶林区明显向北推进，而在西南部落叶阔叶林较现在明显退缩；在华北地区的局部，出现了温带落叶阔叶林与草原并存的情况。从常绿阔叶林/暖温带混交林的变化来看，东部地区，常绿阔叶林有小幅度向北推进的现象；而西部常绿阔叶林与落叶阔叶林一样明显退缩，被较喜冷湿的针阔混交林和针叶林替代。冻原在中高纬度地区已消失，青藏高原的冻原也大面积退缩。赤道附近的热带季雨林消失，出现了热带雨林，但热带雨林较现代有一定程度的收缩。这些说明中全新世温度及湿度都较今日高，这种差别自北向南逐渐减弱，到南部沿海温度较今日反而略有下降，但湿度增加，季节性干旱消失，以致出现热带雨林。

（3）中国末次盛冰期（18 000aBP）古植被重建（中国第四纪孢粉数据库小组，2000）

末次盛冰期（18 000aBP）是地球最近历史时期平均气候状况中极端寒冷干燥的一个关键时段，对该时段的研究也受到国际地球科学界的关注。相对于中全新世来说，这个时段的孢粉数据较少，2000 年时，中国第四纪孢粉数据库小组仅收集到了 39 个 18 000±2 000aBP 的原始数据，并据此重建了生物群区分布。结果表明：当时，中国大部分区域被草原和荒漠植被占据。草原大面积向南扩张，已抵达现代常绿阔叶林的北部，而常绿阔叶林退缩到现代热带地区；热带森林彻底消失，从模拟结果来看，末次冰盛期是非常寒冷干燥的，但也有例外，如在东北和西北地区分别出现了冻原植被，表明局部地区虽然寒冷但却是潮湿的。

2.3　孢粉生物群区化重建古植被仍面临的一些问题

2.3.1　孢粉数据的鉴定和收集

　　"中国第四纪花粉数据库"的建立拯救了近半个世纪我国积累的孢粉学资料，是一笔可贵的科学财富。但现有的数据对我们这样一个幅员辽阔、植被丰富的国家来说还嫌太少，而且地理分布不均，西北、西南、西藏有较大的空白区，很有必要收集更多的孢粉样品，填补这些地理空白，丰富现有孢粉数据库。由于各种原因，相当一批过去的数据还没有挖掘出来，近期新发表的数据也没有补充进来，因此任务还非常艰巨，尤其是测年准确的原始孢粉数据的收集。另外，目前孢粉鉴定存在的普遍问题是孢粉类群很难鉴定到物种水平，只能是属或者亚属，很多非木本类群甚至是科，很难确切地把孢粉类群归并到植物功能型。这个问题的解决一方面寄希望于孢粉鉴定水平的提高，需要的时间周期可能会很长；另一方面需要不断提高现代生物地理和生态学信息的准确性。

2.3.2　植物功能型和生物群区分类体系的改进

　　中国目前进行古植被重建的植物功能型和生物群区类型是按照中国植被特点，在"全球古植被计划"的全球方案基础上进行少部分改进形成的。但在区域尺度上又需要各自的植物功能型分类体系和生物群区分类体系，以体现区域差异，适应区域工作的需求。因此，需要兼顾全球和区域，同时保证同一植被类型在不同地区定义的一致性。这可以在一定程度上解决之前在中国古植被重建中遇到的问题，如在中国植被区划上分为北、中、南亚热带森林植被区，而在全球分类方案中只有常绿阔叶/暖温性混交林一个生物群区。另外，我国的青藏高原、北方针叶林等也都是区别于全球方案而需要特殊研究的。

2.3.3　动态重建古植被

依托 BIOME 6 000 项目完成的全球古植被制图工作只考虑了中全新世和末次盛冰期两个气候特征相反的时间段，要想恢复全球古植被的动态演变过程，就需要重建其他重点时间段的古植被，如12 000aBP、9 000aBP 及 3 000aBP 等。

第3章　新疆现代植被及特征

新疆维吾尔自治区位于亚欧大陆中部，地处中国西北边陲，东西长约 1 900km，南北最宽约 1 500km，面积 166.49 万 km²，占中国陆地总面积的六分之一。新疆与俄罗斯、哈萨克斯坦、吉尔吉斯斯坦、塔吉克斯坦、巴基斯坦、蒙古、印度、阿富汗 8 个国家接壤；陆地边境线长达 5 600 多 km，占中国陆地边境线的四分之一，是中国面积最大、陆地边境线最长、毗邻国家最多的省区。

3.1 新疆植被生存的自然地理环境

3.1.1 地形地貌

新疆地形复杂，类型多样。境内冰峰耸立，沙漠浩瀚，盆地众多，草原辽阔，绿洲星罗棋布。在地形上，高山与盆地相间，形成明显的地形单元。地貌总轮廓是"三山夹两盆"。北面是阿尔泰山，南面是连接青藏高原的喀喇昆仑山、昆仑山及阿尔金山山脉，天山山脉横亘中部，把新疆分为南疆、北疆两部分，北疆有准噶尔盆地，南疆有塔里木盆地。天山由数列东西走向的平行山脉及其间的盆地、谷地组成，分南天山、中天山和北天山。中国境内的天山全在新疆，西高东低，全长 1 700km，南北宽 100～400km，总面积 25 万 km²。

位于天山与阿尔泰山之间的准噶尔盆地，西部为一系列低山，统称为准噶尔西部山区，东面有北塔山和延伸到甘肃的北山，大致呈三角形，向西倾斜，属封闭盆地。盆地东西长 700km，南北宽

450km，面积 22 万 km^2。其间，有我国第二大沙漠——古尔班通古特沙漠，面积 4.5 万 km^2。盆地地貌分三个部分：北部平原北至阿尔泰山南麓，南至沙漠北缘，风蚀作用明显，有大片风蚀洼地，南部平原北至沙漠边缘，南至天山北麓，为北疆主要农业区；中部沙漠区大部分为固定半固定沙丘，丘间洼地生长牧草。

位于天山南和昆仑山北的塔里木盆地，是我国最大的盆地，盆地长约 1 400km，最宽约 500km，外貌呈不规则菱形，面积为 53 万 km^2。盆地西部有巍峨的天山南脉和帕米尔高原，南部是高峻而宽广的喀喇昆仑、昆仑及阿尔金山脉，盆地向东倾斜。盆地东面虽有宽约几十公里的疏勒河谷通向河西走廊，但因海拔高程较低，水系不能外流，亦属全封闭的内陆盆地。其间有我国第一大沙漠——塔克拉玛干大沙漠，面积达 33 万 km^2。盆地上缘连接山地的为砾石戈壁，砾石戈壁与沙漠间为冲积扇和冲积平原，绿洲多分布于此，为南疆重要的农业区。

山区中还有很多较大的山间盆地和宽广谷地。天山山区有哈拉峻、拜城、尤尔都斯、焉耆、吐鲁番、哈密等盆地与伊犁、乌什等宽广谷地；帕米尔高原有塔什库尔干盆地；昆仑山中有阿克塞钦盆地、玉龙喀什河上游谷地及民丰县南部的山间盆地；阿尔金山中有阿牙克库木山间封闭盆地及喀拉米兰盆地。上述山间盆地和谷地中海拔较低的是最重要农业区，海拔较高的是重要牧区。

新疆境内的地势相差悬殊，最高的喀喇昆仑山乔戈里峰，海拔 8 611m，是世界第二高峰；最低的吐鲁番盆地艾丁湖面，在海平面下 154m，是我国境内地势最低的地方。不论山地或盆地，都是南疆高于北疆。南疆塔里木盆地平均海拔超过 1 000m，最低的罗布泊湖面为 792m，盆地南部的高山平均海拔约 6 000m，超过 7 000m 的高峰 10 多个。北疆准噶尔盆地平均海拔不到 600m，艾比湖湖面为 189m，盆地南面的天山平均高度不到 500m，盆地北面的阿尔泰山，最高的友谊峰只有 4 374m。

3.1.2 气候

新疆基本上属于温带荒漠气候，但又分异为南北疆不同的气候亚带，各有相差悬殊的盆地气候和一系列山地气候（直至冰雪带），以及特殊的局地气候，基本上决定着新疆植被和土壤的水平地带性、山地垂直地带性和地区性变异。新疆大陆性气候的主要特点是：气温变化剧烈，气温年较差、日较差、年际变化都很大；无霜冻期年际变化明显，春温多变，秋温下降迅速；年降水稀少而地理分布不均匀，年际变化也很剧烈。

新疆的气温北疆低而南疆高，山地低而平原高，平原内周围又比中心低。平原地区的年平均温度都是正值，冬季严寒，天气经常晴朗，全年日照时间 2 600～3 600h。山地的温度条件与平原地区迥异，随地势升高而递减，由炎热的荒漠气候变为低温的山地草原、森林以至高山寒冷的气候，海拔 3 500m 以上常有冰川和常年积雪，终年处于冰冻条件下。同时随着纬度的不同，不同山地的温度也有差异，纬度越低，山地的温度越高。

新疆是我国最干旱的地区，除塔城、伊犁地区全年降水总量在 250mm 上下外，北疆为 100～250mm，南疆为 5～80mm。降水的地区分布是不均匀的，其分布趋势是北疆多而南疆少，山地多而盆地少，盆地又由周围向中心递减。如北疆的哈巴河、塔城、伊宁年降水量在 250～300mm，新源和昭苏达 500mm 以上，都是新疆多雨的中心。而南疆的且末、若羌及塔克拉玛干沙漠中部年降水量仅 10mm 左右或不及 10mm，是全国雨量最少的地方。新疆的山地降水比较丰富，阿尔泰山和天山是新疆的多雨中心。降水量随海拔的升高而递增，同时也从北向南、从西向东逐渐减少。此外，降水的年际变化也很明显，并多暴雨，特别是在南疆地区。

新疆是多风地区，年平均风速 1.0～5.0m/s，一般在 2.5m/s 左右，并多 8 级以上大风，春季最多，夏季次之，秋冬空气比较稳定。由北向南有几个最大风口：哈巴河、老风口、克拉玛依、阿里山口、达坂城和七角井，大风日数 50～155 天。春夏之际还带有旱风，频繁和强劲的大风常形成风沙，严重影响到植物的生存。

3.1.3 土壤

新疆的土壤成土过程以及土壤的地理分布规律，明显地受着强大的干旱气候和地质地貌的深刻影响。在干旱气候控制下的平原地区，大面积的显域土壤进行着荒漠土壤成土过程，就连各类隐域土壤也打上了荒漠化成土过程的烙印，只在平原地区的北部才有草原土壤的成土过程。山地随着海拔高度的增加，气候干燥度下降，土壤也相应地出现草原土壤成土过程、森林土壤成土过程、草甸土壤成土过程，甚至有冰沼土壤成土过程。但是由北向南到天山、昆仑山、阿尔金山、藏北高原，强大的干旱气候不仅控制着平原土壤成土过程，而且影响着山地的土壤成土过程。在天山北坡，不仅山坡下部具有荒漠土壤成土过程，而且在高山，冰沼成土过程消失。天山南坡几乎缺乏森林土壤成土过程。再向南到昆仑山、阿尔金山，荒漠土壤成土过程上升得很高，高原土壤成土过程面积急剧缩小，草甸土壤成土过程已经消失。到达藏北高原几乎只能进行高寒荒漠土壤成土过程。

3.2 新疆植被的主要类型

在植物地理上，新疆处于欧亚森林亚区、欧亚草原亚区、中亚荒漠亚区、亚洲中部荒漠亚区和中国喜马拉雅植物亚区的交会。在此背景上，出现多种多样的植被类型。钱崇澍等（1956）曾经将新疆植被划归为：亚寒带针叶林、干旱山地森林草原、草原及草地、干荒漠及半荒漠、高原冻荒漠。侯学煜（1960）则将全新疆的植被划归如下各植被类型：温带山地常绿针叶林、温带山地落叶针叶林、温带和暖温带的小叶林、温带和暖温带的落叶灌丛、温带和暖温带的草原、温带和暖温带的荒漠、高寒荒漠、草甸、肉质盐生植物、高山垫状植被。根据中科院新疆综合考察队和中科院植物研究所联合主编的《新疆植被及其利用》一书以及中国科学院综合考察委员会新疆综合考察队植物组 1972 年编辑、中国科学院地理研究所地图室绘图组 1978 年绘制的 1：4 000 000 新疆植被类型图等资料，新疆植被类型主要包括：荒漠、草原、森林、灌丛、草甸、沼泽、高山冻原、高山座垫植被，还有高山石堆稀疏植被和水生植被。

3.2.1 荒漠植被类型

荒漠植被类型又分为灌木荒漠、小半乔木荒漠、半灌木荒漠、小半灌木荒漠、多汁盐柴类半灌木小半灌木荒漠、高寒荒漠共 6 种植被亚型。

① 灌木荒漠。此类型大面积分布于塔里木盆地、嘎顺戈壁、东疆山间盆地、零星见于准噶尔盆地。主要由膜果麻黄、霸王、泡泡刺、裸果木、木旋花、沙拐枣、塔里木沙拐枣、木蓼等十多个群系组成。群落的盖度一般在 2%～20% 之间，在不同的地段有不同的伴生种类。

② 小半乔木荒漠。由超旱生的小半乔木群落组成，以梭梭和白梭梭为建群种，梭梭大面积分布于准噶尔盆地，零星分布于塔里木盆地北缘、东缘及嘎顺戈壁，常形成单优势群落，一般高 1～5m，盖度 5%～40%。白梭梭组成典型的沙生植物群系，只分布于准噶尔盆地沙区，为固沙的先锋植物。群落稀疏，一般高 1～3m，伴生种类主要为沙生植物。

③ 半灌木荒漠。以超旱生的半灌木为建群种的植物群落。主要有白杆沙拐枣、琵琶柴、驼绒藜、圆叶盐爪爪、合头草、戈壁藜等。它们常与小半乔木或小半灌木相结合出现，或形成单优势群落。此类型广泛分布于准噶尔盆地、塔里木盆地、哈密盆地、吐鲁番盆地、嘎顺戈壁、昆仑山北坡和阿尔金山北坡，大都处于山麓冲积平原、洪积扇，也分布于沙丘和干旱低山。

④ 小半灌木荒漠。由超旱生的蒿类和盐柴类小半灌木组成。主要包括小蒿、喀什蒿、博乐蒿、地白蒿、盐生假木贼、无叶假木贼、截形假木贼、短叶假木贼、小蓬、直立猪毛菜、天山猪毛菜、木本猪毛菜等。它们既可形成单优势群落，也可与其他超旱生小半灌木

或禾草形成群落。此类型大面积分布于准噶尔盆地、塔城、伊犁谷地、也见于天山南坡。

⑤ 多汁盐柴类半灌木小半灌木荒漠。这类荒漠的建群层片由中温、生理性旱生、多汁的盐生和湿盐生的小半灌木或半灌木组成。有盐穗木、盐节木、有叶盐爪爪、囊果碱蓬、白滨藜、樟叶藜等群系。植物体（特别是叶）含浆多汁，并含有可溶性盐。广泛分布于古湖盆、盐湖周围及古老冲积平原的低洼处。

⑥ 高寒荒漠。以耐高寒、干旱的垫形小半灌木植物为建群种的植物群落，主要有垫状驼绒藜、臧亚菊、粉花蒿、昆仑蒿等群系，群落组成多以高山种类为主，也有荒漠和草原的种类加入，分布于帕米尔高原、昆仑山、阿尔金山等高海拔地区。

3.2.2 草原植被类型

草原植被类型又分为荒漠草原、真草原、草甸草原和高寒草原 4 种植被亚型。

① 荒漠草原。荒漠草原是草原群落中旱生程度最强的一类，种的丰富程度、草群高度、群落盖度等，都比典型草原明显降低，群落生态组成除强旱生丛生禾草外，出现大量强旱生小半灌木。主要有沙生针茅、东方针茅、高加索针茅、无芒隐子草、荒漠冰草、针茅、沟叶羊茅、多根葱等。它们占据着山地草原带的下部。

② 真草原。以多年生旱生丛生禾草为主组成的植物群落，为典型的草原群系。主要有克氏针茅、针茅、早熟禾、沟叶羊茅、冰草等，在山地占据面积大，主要分布在天山分水岭以北的各山地，天山南坡海拔 2 000m 以上的地段。

③ 草甸草原。草原群落中最喜湿的类型，建群种为中旱生或广旱生的多年生草本植物，群落种类组成丰富，经常混生有大量的多年生、中生和旱生植物，主要是杂类草和根茎禾草。该类型的代表群系不多，主要由针茅、吉尔吉斯针茅、沟叶羊茅等组成。分布在天山分水岭以北的各山地，处在真草原带和山地针叶林带之间，或真草原与山地草甸带之间。

④ 高寒草原。草原中最耐寒的一个类型，由耐寒的旱生矮草本植物为主组成的植物群落。建群种为冷旱生植物，主要有克氏羊茅、假羊茅、沟叶羊茅、座花针茅、紫花针茅、银穗羊茅、蒿草属等，广泛分布于各山地的亚高山和高山带。

3.2.3　森林植被类型

森林植被类型又分为山地针叶林、落叶阔叶林两种植被亚型。

① 山地针叶林。包括新疆五针松、新疆冷杉、新疆云杉、雪岭云杉、新疆落叶松等。此类型分布在水分条件较好的一些山地阴坡和半阳坡，在雨影带和湿气流难以到达的山地、低矮山地和荒漠性加强的南疆各山地，森林植被大大退化，甚至完全消失。新疆五针松、新疆冷杉、新疆云杉只分布在阿尔泰山区；雪岭云杉分布最广，构成南北疆中山—亚高山带的森林垂直带。新疆落叶松常与上述群系混交，集中分布于阿尔泰山、萨乌尔山、巴尔库山—哈尔里克山及北塔山等地。

② 落叶阔叶林。包括新疆野苹果、野杏、野胡桃、樱桃李、疣皮桦、天山桦、欧洲山杨、花楸、山楂、崖柳等群系。河谷地段为银白杨、苦杨、密叶杨群系。平原河岸和洪积扇边缘古河床上为胡杨、灰杨、白榆等群系。野苹果、野杏、野胡桃、樱桃李等群系仅限于伊犁天山和巴尔鲁克山地。胡杨、灰杨群系主要分布于塔里木河流域。白杨群系在准噶尔盆地南缘现代冲击锥中上部及沟谷构成带状或块状疏林。其他群系分布于阿尔泰山、天山北麓和准噶尔西部山地。新疆的落叶阔叶林不具有地带性意义，是典型的落叶阔叶林在荒漠条件下的变型，是残遗、衍生和隐域的植被类型。

3.2.4　灌丛植被类型

灌丛植被主要有西伯利亚刺柏、新疆方枝柏、喀什方枝柏、新疆圆柏等山地针叶灌丛和圆叶桦、鬼见愁锦鸡儿、新疆锦鸡儿、多刺蔷薇、刺蔷薇、多叶锦鸡儿、小檗、忍冬等山地落阔叶灌丛。除此外还有多枝柽柳、刚毛柽柳、铃铛刺、西伯利亚白刺、黑刺等群系组成的荒漠平原杜加依灌丛。这种类型在新疆一般不具有地带性意义，但其分布却遍及山地、河谷和平原。

3.2.5 草甸植被类型

草甸植被类型又分为山地草甸、低地河漫滩草甸、盐生草甸、沼泽化草甸四种植被亚型。

① 山地草甸。主要有无芒雀麦、短柄草、鸭茅、西伯利亚三毛草、异燕麦、直穗鹅冠草、拂子茅、黄花茅、蒿草、苔草等群系构成的草甸。无论以哪个种为建群种，均有各种杂类草参加，群落种类丰富、季相华丽。

② 低地河漫滩草甸。在南北疆平原低地和低山谷地及河漫滩上，由不同高度的中生及旱中生的禾草、杂类草组成草甸群落。该群落与地下水或河流定期泛滥有一定联系。主要有假苇拂子茅、匍匐水草、小糠草、狗牙根、黄花苜蓿、白花草木樨、苦豆子、车轴草等根茎禾草和杂类草草甸。一般分布面积都不大。

③ 盐生草甸。此类型在新疆分布较普遍，特别是南疆平原区的诸大河三角洲、河旁阶地、河间及扇缘低地和湖滨周围潮湿地段。由各种耐盐的中生、旱生禾草及杂类草组成。主要有芨芨草、芦苇、赖草、小獐毛、甘草、胀果甘草、大叶白麻、疏叶骆驼刺、花花柴等。

④ 沼泽化草甸。在地势低洼、排水不良等条件下，由湿生多年生草本植物为主所形成的植物群落。主要有芦苇、苔草和帕米尔蒿草等，面积不大。

3.2.6 沼泽和水生植被类型

新疆的水域不广阔，因而沼泽植被和水生植被都不很发育，沼泽植被的优势层片为多年生草本植物，主要有芦苇、香蒲、苔草等群系，多见于河口、河漫滩、湖滨及洼地。水生植被主要分布在几个大的淡水湖中，组成水生植被的种类很贫乏，主要为一些沉水植物，如金鱼藻、茨藻、多种眼子菜、狐尾藻、水毛茛等。

3.2.7 高山植被类型

高山植被类型又分为高山冻原、高山垫状植被、高山稀疏植被三种植被亚型。

① 高山冻原。由耐寒的藓类和地衣类构成的低矮植被。此类型只分布于阿尔泰山西北部高海拔、寒冷湿润的寒冻土地段。

② 高山垫状植被。植物生长受到抑制呈半球形成凸起的垫状体，优势植物都为适应高寒生境的草本或小灌木。主要有四蕊梅、囊种草、糙点地梅、高寒棘豆、帕米尔委陵菜、双花委陵菜等，除阿尔泰山外，其他山地均有分布。

③ 高山稀疏植被。分布在高山植被带以上，永久冰雪带以下，由寒旱生、冷中生多年生杂类草、垫状植物等组成的亚冰雪带稀疏植被。植物不形成群落，只是一种聚合。常见植物均为耐旱种类。如雪莲、美花草、假报春、囊种草、马先蒿、点地梅、红景天等。这一类型见于天山和昆仑山的高山带。

3.3 新疆植被的主要特征

3.3.1 新疆植被的水平地带特征

新疆具有温带气候，由北而南发生草原地带与荒漠地带的更替，并且由于阿尔泰山、天山和昆仑山等巨大山地的隆起而发生分异和复杂化。新疆植被的水平地带从北到南的分布顺次是：荒漠草原-温带荒漠-暖温带荒漠-高寒荒漠。荒漠草原地带只分布在准噶尔盆地的北缘，傍着阿尔泰山南麓，以一条狭窄的带状通过。温带荒漠（准噶尔荒漠亚地带）包括由天山主脉分水岭以北至额尔齐斯河之间的平原与山地。地带性的荒漠植被以小半乔木和小半灌木为主所构成。暖温带荒漠（塔里木荒漠亚地带）包括塔里木盆地、嘎顺戈壁以及两侧的山地——天山南坡、昆仑山和阿尔金山北坡。地带性植被建群植物的生活型以超旱生的灌木为代表，具有亚洲中部荒漠的典型特色，小半灌木与半灌木较次要。高寒荒漠主要包括藏北高原和帕米尔高原高寒区。

（1）草原地带

新疆草原带是欧亚草原的一部分，北、中部的草原森林草原和真草原亚地带在新疆境内中断，只有南部的荒漠草原亚地带在阿尔泰山南麓与准噶尔盆地北缘之间，以一条狭窄的带状通过。典型的草原地带性植被在准噶尔北部平原得不到发育，由微温生的旱生丛生禾草：沙生针茅、中亚针茅、针茅、隐子草、沙生冰草，旱生多年生杂类草：多根葱、柳叶凤毛菊、旱生的小半灌木小蒿、小蓬、盐生假木贼、驼绒藜为优势种所构成的荒漠草原占据山前倾斜平原，形成新疆唯一的水平地带性草原植被。

（2）荒漠地带

地带性荒漠覆盖着宽广的山地和辽阔的冲积平原，在几乎所有的山前洪积扇（阿尔泰山除外），古老的冲积锥、三角洲和阶地，地带性荒漠都可上升至低山和前山带，塔里木盆地南部甚至进到中山和高山带。荒漠植被由超旱生的小半乔木、半灌木、小半灌木、灌木组成。以梭梭、蒿类、假木贼、猪毛菜、驼绒藜、琵琶柴、戈壁藜、合头草、白刺、麻黄、沙拐枣、霸王等属的植物为建群种。在不同群落中往往发育着由一年生盐柴类，多年生禾草或短生植物构成的层片。荒漠地带的隐域植被有：胡杨林、柽柳灌丛、盐生草甸、荒漠化草甸、多汁盐柴类荒漠。

① 准噶尔荒漠亚地带。天山主山脉分水岭以北至额尔齐斯河之间的平原与山地。平原具有温带荒漠气候，地带性荒漠植被以小半乔木和小半灌木为主。盆地尤其是盆地西部，冬季降水较多，荒漠群落中往往有短生植物层片出现，与塔里木荒漠植被有显著区别。北部的额尔齐斯河与乌伦古河之间的第三纪平台上，分布着由沙生针茅加入的盐柴类小半灌木草原化荒漠，建群种为小蓬、盐生假木贼、短叶假木贼、毛足假木贼、驼绒藜。有地白蒿与席氏蒿群落出现于覆有薄沙的低地与河旁高地上。中部的沙漠植被最典型，生长面积最大的是梭梭和白梭梭群系，两者往往构成混交群落。在半固

定沙垄上的白梭梭群落内常有半灌木的白皮沙拐枣、无叶沙拐枣，小贝灌木蒿类，多年生禾草、三芒草，一年生草类，短命与类短命植物等。南部的平原上，梭梭为分布最广的地带性植被类型。出现于古老的冲积平原、三角洲和冲积锥、古湖盆、沙漠边缘的固定沙地、沙垄间薄沙地上。天山北麓的山前冲积平原，小半灌木琵琶柴荒漠广泛发育，群落下层有一年生盐柴类层片、短命植物层片和黑色地衣层片。天山北麓山前洪积冲积倾斜平原、伊犁、塔城谷地，蒿类荒漠广泛分布。

② 塔里木荒漠亚地带。包括塔里木盆地、嘎顺戈壁、天山南坡、祁漫塔格山北坡。具有暖温带荒漠气候特点。塔克拉玛干沙漠表现出植被极度贫乏的景象，在沿河附近和沙漠的边缘有胡杨和灰杨构成的绿色走廊状的杜加依林，柽柳灌丛和一些盐生草甸。沙漠的东北部边缘可见到沙蒿、圆头蒿及零星的梭梭群落。沙漠内部，丘间沙地有个别的柽柳丛，广大的流动性沙丘和沙山上完全没有植被。沙漠周围河流冲积平原和扇缘低地构成绿环，是盆地的古灌溉绿洲，具有良好的灌溉和土壤条件，是开垦杜加依林所形成的。沙漠西北部和北部的叶尔羌河，塔里木河冲积平原是现存杜加依林的集中分布地带，并结合分布着柽柳灌丛、芦苇、甘草等盐化草甸。沙漠的东部是强盐化的罗布泊洼地，发育着盐化草甸和稀疏的多汁盐柴类荒漠植被。沙漠的南缘为盐化扇缘带，在绿洲间断续分布着胡杨疏林、柽柳灌丛、盐穗木荒漠与芦苇、甘草、花花柴等构成的盐化草甸植被。昆仑山麓洪积扇很发育，由于极端干旱，植物十分稀疏或无植物生长，在戈壁砾石的表面有黑褐色的荒漠漆皮。粗砾石洪积扇上的典型植被是超旱生的灌木构成的稀疏荒漠群落，建群植物有膜果麻黄、泡泡刺、木霸王等。天山南坡、昆仑山和阿尔金山麓洪积扇的上部，主要分布着小半灌木盐柴类荒漠，主要的建群种有琵琶柴、喀什琵琶柴、合头草、无叶假木贼、戈壁藜等。嘎顺戈壁与塔里木盆地周围的洪积扇是一致的，但植物更加贫乏，出现广阔的裸地。低山带和山坡上仍是荒漠植被，阿尔金山以南至祁漫塔格山以北仍为亚洲中部极旱荒漠的特征，地带性植被类型单调，优势植

物有膜果麻黄、旱蒿等。帕米尔高原上的高寒荒漠，也具有寒旱的性质，在原始的高原寒漠土上形成十分稀疏的群落，匍匐的小灌木丛间偶有莲座叶的高山草类、有臧亚菊等高寒荒漠类型，还有粉花蒿高寒荒漠群系，以及几种座垫状刺矶松构成的密实高山垫状植被。

③ 高寒草原地带。是羌塘北部高寒草原带的延续，分布于东昆仑山主脊阿尔喀山以北及祁漫塔格山以南的库木库西盆地。是由寒旱生的丛生禾草和个别苔草形成的高寒草原，伴生植物以豆科、菊科和藜科的种类为主。草原分化为典型高寒草原，草甸化高寒草原和荒漠化高寒草原等群落类型。草原的建群植物有紫花针茅、羽柱针茅、硬叶苔草等。在汇水洼地的盐渍化环境上发育着垫状驼绒藜高寒荒漠，在洼地边缘、季节性河床、泉水地周围分布着匍匐水柏枝高寒短灌丛，在沼泽环境，有根茎莎草科植物、根茎小杂类草形成沼泽植被，地表常有冻融丘，地下发育着永冻层。

3.3.2 新疆植被的垂直地带特征

在新疆，阿尔泰山、天山和昆仑山三大山系围绕着准噶尔和塔里木盆地。这些山地一般都具有超过雪线的高度，在其山坡上，由巅至麓，发生一系列随高度而更迭的植被垂直带。每一垂直带是由反映该带自然（主要是气候）特点的显域植被为主所构成的。山地植被垂直带的排列组合和更迭顺序形成一定的体系——植被垂直带谱。处于不同气候带或不同植被区域的山地，其植被垂直带结构也是不同的。新疆的山地植被垂直带结构，一般具有温带大陆性山地植被的性质。旱生的植被垂直带——山地荒漠和草原带十分发达，往往上至很大的海拔高度；中生植被类型——森林和草甸构成的垂直带的组成较单纯，发育较微弱，往往发生不同程度的草原化，或者完全被草原所代替。高山和亚高山植被垂直带也具有强度大陆性的植被特征。构成新疆山地植被垂直带结构的主要垂直带类型包括山地荒漠垂直带（主要分布于山麓至前山带，阿尔泰山除外）—山地草原垂直带（在阿尔泰山分布到山麓倾斜平原、在天山北麓与准噶尔西部山地发育于中低山带、在昆仑山地消失）—山地森林草原

（草甸）垂直带（主要分布在中山带，在南疆山地基本消失）—亚高山植被垂直带（亚高山匍生圆柏灌丛、阔叶灌丛河亚高山中草草甸为特征）—高山植被垂直带（向上与无植被的高山裸岩河冰川恒雪带相接）。

（1）山地荒漠垂直带

由超旱生小半灌木植物构成的山地荒漠植被在新疆山地（除阿尔泰山外）占据着垂直带结构的基部，由山麓至前山带随纬度的降低而升高，在昆仑山可达亚高山带。在强度干旱和石质化的山坡上，发育着盐柴类小半灌木组成的山地荒漠垂直带，其建群种有琵琶柴、假木贼、天山猪毛菜、合头草等，并常有喀什霸王、裸果木、喀什麻黄等加入。群落的组成贫乏，盖度稀疏。该群落在天山南麓山地的石质低山十分发达，在昆仑山则发育在黄土坡一带，而在天山北麓山地常不存在。蒿属荒漠构成的山地垂直带广泛发育于南北疆山地黄土覆盖的前山带山坡上，通常处于小半灌木盐柴类荒漠的上部。北疆西部的山地蒿属荒漠中混生多种短命植物，表征春季多雨、夏季干热的中亚荒漠气候，南疆则缺乏短命植物，在该带的上部，有针茅和羊茅等草原禾草出现，表明山地荒漠向山地草原的过渡。

（2）山地草原垂直带

新疆的草原植被在阿尔泰山构成垂直带谱的基带，在天山北麓和准噶尔西部山地普遍发育于中、低山带，在强大陆性气候的南疆山地受到荒漠的逼迫而上升得很高。按高度更迭又可分为荒漠草原、真草原和草甸草原三个草原垂直亚带。荒漠草原垂直亚带位于本带的下部，是向山地荒漠垂直带的过渡带。植被建群种以草原旱生禾草新疆针茅、针茅、沙生针茅、无芒隐子草等占优势，并混生有相当多的蒿类、驼绒藜、木地肤等荒漠小半灌木，此亚带在大陆性气候强的山地特别发育，在昆仑山和帕米尔高原甚至占据了整个草原垂直带。真草原垂直亚带处于中山带，建群植物为旱生禾草与杂类草，主要有针茅、长羽针茅、糙隐子草等。在伊犁尚有白羊草为建群种的草原群系。草原杂类草主要有蓬子菜、灰白委陵菜、穗花婆婆纳、冷蒿等。在强度石质化或碎石质山坡上，出现大量中旱生灌木：小叶忍冬、多种锦鸡儿、沙地柏等，构成灌丛草原或草原灌丛。在塔尔巴哈台山南坡南坡甚至形成了独特的草原灌丛垂直带。草甸草原垂直亚带处于真草原垂直亚带的上部，其特点在草原禾草为主的群落中，有旱中生、中旱生的草甸草类加入，如苏马兰、天山异燕麦、斗蓬草等。

（3）山地森林草甸垂直带或森林草原垂直带

森林与草甸植被在山地的分布，与最大降水带相符合，一般在河谷切割的中山带。在强度大陆性气候的南疆山地，此带基本上消失，仅在亚高山草原垂直带局部湿润的谷地阴坡出现片段的森林，在温暖湿润的伊犁河谷地，天山北坡出现了"覆层结构"的森林垂直带，下部为阔叶林（野苹果、野杏），上部为针叶林带（雪岭云杉），其他山地森林-草甸垂直带均缺乏阔叶林带，为针叶林构成。在阿尔泰山西北端的喀纳斯山地具有较多的针叶树种组成的山地森林，属山地南泰加林型。新疆落叶松块状林分布在前山带构成的森林草原上，新疆云杉林主要分布于山地河谷或坡麓地段，新疆冷杉林分布于中山带，向上由新疆五针松与新疆落叶松构成森林上限的疏林。其余部分的山地森林主要由新疆落叶松构成。在其东南部山地草原化加强，形成森林草原垂直带。天山北麓山地和准噶尔西部山地的针叶林以雪岭云杉占绝对优势，仅在天山东部和萨吾尔山的森林-草原带中才有新疆落叶松构成上部森林带，向下与雪岭云杉组成混交林。针叶林内的阔叶树种不多，由山杨、天山桦、小叶桦、山柳等形成次生林或混生于针叶林内。它们都分布于该带的下半部，据此分为中山森林-草甸垂直亚带（林内混有阔叶树种），亚高山森林-草甸垂直带（阔叶林消失，草甸中出现高山草类）。在该带内，森林通常分布在较陡斜的阴坡和山坡中上部，草甸群落则占据土层较深厚的缓坡、坡麓、开阔的谷地和台地。山地草甸的建群种为中生高大多年生禾草与杂类草。向上组成中出现高山亚高山草类，如阿尔泰金莲花、准噶尔金莲花等。在森林草原带内的草甸草原群落中则有大量草原类加入或占优势。

（4）亚高山植被垂直带

此带位于山地森林-草原垂直带的上限至高山植被垂直带之间。典型的阿尔卑斯型中草草甸在新疆山地较为少见，仅在阿尔泰山西部、伊犁纳拉特山北坡和天山北麓中段山地有少量分布，以中生杂类草与禾草构成。主要有斗蓬草、马先蒿、阿尔泰早熟禾、野葱等。在北疆其他地区的亚高山草甸中，有大量高山草类与草原草类加入，如蒿草、苔草、羊茅等。亚高山圆柏灌丛由匍匐生长的新疆分枝柏、喀什分枝柏、西伯利亚刺柏构成。在阿尔泰山还有圆叶桦、灰绿柳、天山柳等构成的稠密阔叶灌丛。在天山有独特的鬼见愁灌丛。在无林的南疆山地，亚高山带植被发生草原化，出现多种类型的高寒草原植被，以座花针茅、针茅、西北针茅、寒生养草、假羊草、银穗草等为建群种，群落中混生有许多高山植物。

（5）高山植被垂直带

此带位于山地植被垂直带谱的最上部，向上与无植被的高山裸岩和冰川恒雪带相接。大部分高山带占优势的植被类型为青藏型的高山蒿草草甸和在碎石质坡上的高山垫状植物等，座垫植被往往构成高山植被垂直带的上部亚带。寒冷湿润的阿尔泰山西北部高山准平原面上，以藓类、地衣为主，并为由许多高山草类和小灌木加入的高山冻原，从冻原向下在积雪深厚的山坡地段，出现由黑花苔草、点地梅、报春、龙胆、委陵菜、景天等组成的阿尔卑斯型植毡和高山草甸。藏北高原和帕米尔高原则发育着最干旱的亚洲内陆高山和高原荒漠植被类型——高寒荒漠，建群种为垫状驼绒藜和臧亚菊。高山植被垂直带以上，除在岩石表面生长一些地衣以外，在石堆和岩缝的保护下，还生长着极稀疏的个别高山草类，为亚冰雪带。

第4章　新疆全新世植被与环境

地球历史过程中经历了三次大冰期，即前寒武纪大冰期、石炭-二叠纪大冰期以及第四纪大冰期。第四纪是最近一个大冰期，其间不仅全球气候经历了频繁而快速的变化，更重要的是出现了"会用双脚直立行走、会制造工具和用火的人类"（刘东生，1997）。在第四纪的若干冰期和间冰期旋回中，最后一个气候旋回，即从末次间冰期到现代人类所处的间冰期（全新世）成为研究的热点。在全新世，在经历了约 200 万年的漫长演化后，人类文明在这一时段得到飞跃发展，直到进入现代社会。因此，全新世的气候和环境变化一直伴随着人类从蒙昧走向文明，对于人类文明的快速发展有着深刻的影响（Brooks，2006）。对于全新世气候及环境变化过程的研究一直是过去全球变化研究的热点，也是理解人地关系的核心时段（Ruddiman，2003）。

我国位于东亚的中、低纬度地带，地跨寒、温、热三个气候带，自然条件的区域性分异比较复杂，各区域内植被的分布亦有较显著的变异。中国全新世的植被变化，以东北地区的东部比较明显，并在较大范围比较一致。中国西北地区温暖期植被的发展，是在干旱草原和干旱荒漠植被的基础上继续展开的，干旱地带植被的变化更多受制于水分状况，当气候条件有利于降水或抑制蒸发时，草原地带有时能够出现含松、栎、杨、榆等的疏林草原植被，荒漠地带也可能出现向草原植被变化的迹象。

新疆位于欧亚大陆中心，是中国最干旱的地区，有其独特的研究价值。多年来我国的第四纪地质学家在新疆的多个区域进行了大量全新世植被与环境的相关研究，积累和发表了沉积、古生物、地球化学等多方面成果，提供了新疆全新世气候变化的丰富基础信息。

4.1　北疆地区全新世植被与环境

通过前人对新疆北部湖泊沉积、黄土沉积和冰川沉积等地质记录的研究表明，北疆地区全新世气候变化较为复杂，受地理位置和大气环流影响等多方面影响。整个北疆地区早全新世气候暖干，中全新世至现代的气候特点则因地因时而异。受西风控制地区，代表暖干环境的黄土沉积可一直延伸到晚全新世，而可能受夏季风影响的地区和偏北的阿尔泰山，环境的好转早于西风区，并且气候的波动也较西风区更为频繁（叶玮，2000）。

4.1.1　阿尔泰山大罗坝盆地

大罗坝盆地是我国阿尔泰山中部中山带的一个小型山间盆地，海拔 2 100m，年降水量 650～850mm。根据孢粉组合的分析结果推测，该区早全新世的植被主要为荒漠草原，年降水量 200～300mm，仅为现代降水的一半。7 000aBP 左右，该区以云杉、松和落叶松等针叶林为主，年降水量与现代较为相近。7 000aBP 以来，气候存在多次波动，其孢粉组合可划分出两个干旱期和三个湿润期，湿润期植被为森林草原，干旱期森林出现衰退，耐旱草本植物增加，植被覆盖度明显降低（阎顺，1994）。

4.1.2　乌伦古湖

乌伦古湖地处新疆北部阿勒泰地区的福海县境内，位于我国西风带影响范围的最北端，地处欧亚大陆的腹地，湖区属温带大陆性干旱气候。湖泊面积 927km^2，海拔 478.6m。湖区主要分布着盐生假木贼、蒿类等荒漠植被，乌伦古河两岸主要为杨柳林、胡杨林和尖果沙枣林等河谷林带及河漫滩草甸，邻近的额尔齐斯河地区广泛发育着荒漠草原和草原植被，在河旁阶地上发育河漫滩草甸。

肖霞云等（2006）通过乌伦古湖沉积物高分辨率的孢粉分析，建立了乌伦古湖全新世以来的古气候、古环境演化序列。约 9.99—8.26 kaBP，孢粉组合反映的是以芦苇为主的水生植物群落，反映的主要是湖区周围以及河谷林的隐域植被而不能反映区域的植被情况。该时段内湖水水位低，湖面面积小，气候应是温暖干旱。8.26—7.72kaBP，此期气候仍是比较温暖干旱，孢粉组合反映的还是湖区植被，是以黑三棱为主的水生植物群落。湖水水位还是相对较低，但相对前一阶段，水位稍有升高，只是升高幅度较小。7.72—5.21 kaBP，此期孢粉组合反映的是区域植被，主要为荒漠草原，气候温和偏湿。5.21—3.62 kaBP，此期植被仍为荒漠草原，降水虽然变化不大，但气温升高，蒸发量加大，湖面水位降低，可能低于 15 m。3.62—2.80 kaBP，反映气候以 3.35kaBP 为界由干旱逐渐变湿；气温降低，相对湿度增加，湖泊水位上升。植被由早期的荒漠演化成荒漠草原。2.80—1.93kaBP，气候比上一阶段要稍湿，比较温和。植被为草原或荒漠草原。1.93—1.24 kaBP，气候更适宜，降水增多，气温上升。植被发展为草原。1.24 kaBP 至今，此期气温较高，蒸发量大，湖面较低，营养程度高。本阶段中 0.82—0.45 kaBP 和约 0.23kaBP 时的气温降低，植被由此阶段早期的荒漠植被演替到晚期的荒漠草原植被。该研究还捕捉到乌伦古湖在全新世期间存在 8.90kaBP 和 8.35kaBP 左右、3.62—2.80kaBP、0.82—0.45kaBP 和约 0.23kaBP 时的突然变冷事件。

4.1.3 富蕴水磨沟探槽

富蕴县位于阿尔泰山西南麓，由于纬度和地形等因素影响，该县极端最低气温曾达−60℃，为我国最低气温县份之一。区内低山及山麓平原带主要为灌木草原及真草原植被类型。

潘安定（1992）选取了一个探槽进行孢粉取样，研究其古植被及古环境状况。该探槽位于富蕴县水磨沟沟口的，北纬 46°40′，东经 89°50′，地面标高 1 050m。根据孢粉数据重建的富蕴水磨沟地区全新世古环境演变为：10 895—5 560aBP，低等植物所占比例逐渐减少，高等植物逐渐增多，尤其是草本植物比例逐渐增大。反映出该区进入全新世以来气候逐渐转暖，相对湿度由前期略湿润转为后期偏干燥。7 340—5 790aBP，气温下降，植物生长受阻，呈现寒冻荒漠景观。6 350—5 135aBP，这一阶段相当于全新世高温时期，植被呈现出荒漠类型，孢粉组合中藜科、麻黄属、蒿属等旱生植物孢粉含量骤增。6 180—3 120aBP，气候向冷湿转化。在阿尔泰山山麓平原区，乔灌木植物都有所增加。柏科、榆科、蔷薇科等灌木植被在局部地区得以较快地发展，形成灌丛草原。1 840±100aBP，藜科、蒿属等旱生草本在地带性植被中占有据了重要地位。曾一度在山前倾斜平原上生长较多、生性偏湿润的榆属、蔷薇科等也仅分布于前山和中山带，以及河道附近，出现与现代相似的荒漠草原植被。

4.1.4　天山北坡

　　天山北坡山区的海拔 3 800m 以上，地势高峻，角峰林立，多为冰雪覆盖，气候严寒。海拔 2 800m 以上，气候寒冷，植被为高山、亚高山草甸。山麓平原区在地貌上属天山北坡河流形成的冲积扇或淤积平原，地形南高北低，海拔在 1 200～450m，是新疆主要的绿洲区；自然植被为荒漠，有琵琶柴荒漠、假木贼荒漠等，短命植物和一年生植物的加入是其重要特征。

　　阎顺等（2004）、冯晓华等（2006）在天山北麓（坡）不同海拔、不同植被带、不同沉积相选取剖面，进行 ^{14}C 测年和沉积相、孢粉、硅藻、粒度、磁化率及烧失量分析，探讨晚全新世的环境演变。通过艾比湖、大西沟、东道海子、桦树窝子和四厂湖等剖面的对比研究，结果表明：晚全新世以来，气候有冷暖干湿波动，但干旱的总面貌未发生根本变化。反映在植被上，山区主要为森林，低山丘陵区主要为草原或荒漠草原，平原区主要为荒漠或荒漠草原。在这种相对稳定的大环境下，森林的上下界限、平原河谷林的发育程度、平原低地草甸的面积，都随气候的变化而发生波动。晚全新世以来，天山北坡区域的平原湖泊受环境变化的影响十分明显，水面变化频繁，3.1—2.4 kaBP、1.7—1.3 kaBP 和 1.27—0.3 kaBP 时期是高湖面阶段；1.7—0.6 kaBP 的中世纪，气候比较湿润、温暖，平原湖泊处于高水位期；1.7—1.3 kaBP 期间天山的云杉林带下限下移，林带加宽，自然环境处于最好阶段。

（1）四厂湖孢粉分析结果（图 4-1）

剖面 100—82cm 以下为 I 组合。该组合特点是以藜科几个属种含量最高，其次为柽柳属和蒿属，其他成分含量少，外来的云杉属花粉不足 4%。

剖面 82—30 cm 为 II 组合。该组合有 20 个以上科属植物花粉。香蒲、莎草科、禾本科、百合科平均约 20%；麻黄属平均约 15%；蒿属和菊科平均约 11%；柽柳属、琵琶柴属、白刺属、盐豆木属一般均 10% 以下；云杉属和桦属总数一般在 5% 以下；藜科几个属种的花粉在剖面中是最低的，稳定在 30%～40%。

剖面 30—0cm 为 III 组合，该组合花粉以旱生、超旱生植物占绝对优势。藜科几个属种的花粉平均约 55%；麻黄属平均约 13.9%；蒿属和菊科花粉平均约 11.25%；柽柳属、琵琶柴属、白刺属、盐豆木属一般均 10% 以下；香蒲属、莎草科、禾本科、百合科总量一般不足 5%；云杉属和桦属花粉总数一般 3% 以下。

另外，在满营湖古沼泽沉积中集的样品中，其孢粉组合主要成分有藜科、香蒲属、禾本科、蒿属、莎草科等。其中莎草科（主要是苔草）占 15.3%、香蒲属占 24.1%、禾本科占 15.8%、藜科各属为 19.1%、蒿属和菊科占 8.4%，其他在 5% 以下。反映当时沼泽地水生植物生长较好。该沉积物的 ^{14}C 测年为 1 130±60 aBP，树轮校正为 1 160±65aBP。

（2）东道海子湖

① 孢粉分析结果（图 4-2）

剖面 190—132cm 以下为 I 组合（4 500—3 530aBP）。该组合以藜科几个属种含量最高；其次为蒿属、柽柳属和麻黄属；还有少量琵琶柴属、菊科、禾本科等成分；外来的云杉属花粉平均 1.4%；A/C 仅 0.32。

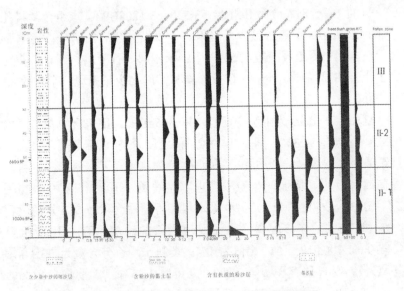

图 4-1 四厂湖剖面孢粉、A/C 比值综合图谱

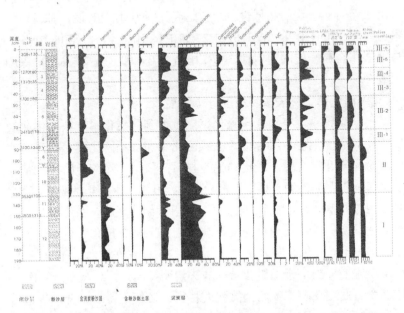

图 4-2 东道海子剖面孢粉、磁化率、烧失量、粒度、A/C 值综合图谱

剖面 132—87 cm 为 II 组合（3 530—3 120aBP）。该组合藜科几个属种的花粉比 I 组合减少；柽柳属和麻黄属也有所降低；琵琶柴属、白刺属、霸王属一般在 5%以下；禾本科、香蒲属和莎草科花粉比 I 组合明显增加；外来花粉云杉属和桦属均少量出现，平均 6%；A/C 为 0.26。

剖面 87—0cm 为 III 组合（3 120—305aBP）。III 组合中花粉平均值分别为藜科 34.3%，蒿属 14.0%，柽柳属 8.5%，麻黄属 10.8%，琵琶柴属 3.4%。另一方面中生和水生植物花粉（禾本科、莎草科、香蒲属）有明显增加，花粉浓度也明显增长。III-1 组合（3 120—2 410aBP）A/C 比值为 1，另外禾本科和香蒲属含量较高，分别达到 7.0%和 7.5%，在该段样品中还发现大量的硅藻化石。III-2 组合（2 410—1 700aBP）A/C 比值为 0.4。藜科平均百分含量为 33.3%，蒿属为 9.4%，还有柽柳属 7.8%、麻黄属 11.5%、琵琶柴属 4.4%、白刺属 1.7%、霸王属 1.1%、菊科 1.9%、禾本科 9.1%、香蒲属 5.9%等花粉。III-3 组合（1 700—1 310aBP）、III-5 组合（1 270—305aBP）与 III-1 组合有一定的相似性，A/C 比值分别为 0.7 和 0.8，都发现大量的硅藻。III-4 组合（1 310—1 270aBP）、III-6 组合（305aBP—）与 III-2 组合有一定的相似性，A/C 比值为 0.4 和 0.5，样品中硅藻均不多。

② 磁化率、烧失量和粒度分析结果

根据高频磁化率和低频磁化率测试得到的磁化率特征变化曲线反映：对应于孢粉 I 组合带，高频磁化率和低频磁化率为相对高值区；对应于 II 组合带，磁化率也为相对高值区；对应于 III 组合带，磁化率发生明显波动。对应于孢粉 III-1、III-3、III-5 组合亚带，磁化率为相对低值区，对应于 III-2、III-4、III-6 组合亚带，磁化率为相对高值区。烧失量特征变化曲线反映，剖面上烧失量有明显变化。对应于孢粉 I、II 组合带，烧失量在 5%左右，只在剖面第 11 层稳定在 10%左右；对应于 III 组合带，烧失量明显上升，最高达到 34%。粒度变化曲线反映了剖面上的粒度特征。对应孢粉 I 组合，中值粒径为相对高值，平均 80.6μm；对应 II 组合，中值粒径也为相对高值，平均 83.9μm；对应Ⅲ组合，中值粒径明显下降，平均 45.9μm。

（3）艾比湖

① 孢粉分析结果（图 4-3）

剖面 180—164cm 以下（2 500—2 250aBP）样品花粉含量极少，其中 11 号样中发现大量黑色炭片。剖面 164—160cm（2 250—1 650aB.P.）的 9 号样花粉含量少，其中耐盐的灌木占 85%左右，梭梭属、柽柳属和沙拐枣属分别为 31.8%、21.2%和 13.6%。剖面 160～28cm（1 650—500aBP）的 4-8 号样品中，灌木、半灌木花粉平均 72.9%。藜科各属平均 28%，其中梭梭属平均 9.0%；盐节木属平均 17.3%。柽柳属平均 26%。草本植物平均 22.2%，其中蒿属平均 17.1%，其他有禾本科、菊科、伞形科、十字花科、香蒲属等。外来的云杉属花粉 0.7%～7.2%，平均 4.3%。该组合反映环境相对偏湿润，植物种类偏多，A/C 比值也是整个剖面中最高的。剖面 28～7cm（500—300aBP），2-3 号样品中灌木花粉占 67.8%～77.5%，平均 72.7%。其中极耐盐的盐节木属占 30.7%～45.1%，平均 37.9%，柽柳属平均 6.6%，沙拐枣属平均 8.3%，麻黄属平均 6.6%，梭梭属仅占 43%。草本花粉中蒿属占 9.7%～19.6%，平均 14.7%，亦有少量禾本科、菊科、紫菀属、车前属等花粉。反映植被又趋于荒漠化。剖面 7～0cm（300aBP—），样品中灌木成分高达 88.5%，其中柽柳属 37.4%，梭梭属 21.5%，琵琶柴属占 14%，沙拐枣属 6.5%。

② 沉积相

艾比湖剖面具有明显的由细粒沉积物构成的水平纹理，根据各层不同的沉积物及沉积韵律推测，相对而言，第一层属浅湖沉积；第二层为湖沉积；第三层为湖沼沉积，沉积中有机物多；第四层为湖沉积，沉积物具明显的细水平纹理结构；第五层为浅湖沉积；第六层为冲积扇缘沉积；第七层至第九层为湖沉积。

该剖面的沉积层基本均为湖相沉积，但沉积中很少水生植物，香蒲属的花粉出现也少，这与博斯腾湖等湖泊沉积有一定差别，可能与湖泊的盐度有关。艾比湖盐度高，导致花粉的缺乏。剖面中柽柳大量而稳定地出现也从另一个侧面反映出该湖处于盐度较高的状态，只在艾比湖的高水位时期则出现部分香蒲花粉。

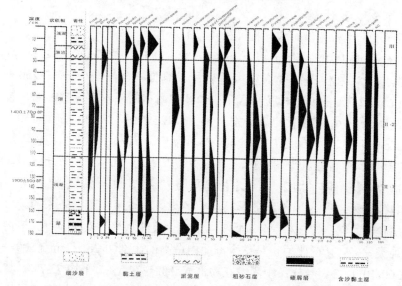

图 4-3　艾比湖剖面沉积相、孢粉、*A/C* 比值综合图谱

（4）小结

由于取样点的疏密程度不同、测年误差或局地小气候影响等多种原因，各湖沉积所记录的气候环境变化时间并不完全一致，但仍能体现下列一般规律：植被以荒漠草原为主的时期，湖面较高，气候趋于冷湿；植被以荒漠为主的时期，湖面较低，气候趋于暖干。这可在新疆北部现代植被的分布格局上有所体现：荒漠在平原中部；而荒漠草原出现在山麓与平原交界地带，海拔高出邻近荒漠 200m，年均降水量大于邻近荒漠区 50~100mm，而年均气温低 1~2℃。这些都体现了在以干旱为大背景的前提下，新疆北部平原晚全新世气候变化以暖干和冷湿交替为主的特征。

4.1.5　玛纳斯湖

玛纳斯湖位于准噶尔盆地西部，是源于天山的玛纳斯河的尾闾湖。研究区内植被为梭梭柴荒漠，湖区的西北部及北部山麓洪积扇上覆盖稀疏矮小的梭梭柴群落，湖盆边缘壤质盐化土壤上为高大的梭梭柴群落，其中多出现一年生的猪毛菜属类，湖盆南部及东部为芦苇属、罗布麻属、骆驼刺属、禾草和杂草盐生草甸。

孙湘君等（1994）对该湖孢粉沉积速率的研究表明：约在10 500aBP，植被为以藜科为主的稀疏荒漠植被，气候寒冷干燥，尤其在 11 000—10 500aBP，植被更为稀疏、贫乏，气候条件更加恶劣，有可能与欧洲的"新仙女木期"相当。10 500—9 000aBP，植被由荒漠发展为荒漠草原，中生及水生植物孢粉都有所增加，显示此阶段气候较前一时期湿润，也可能温暖一些。9 000—4 200aBP 时期，玛纳斯湖区主要覆盖着以蒿属为主的草原，气候较前一阶段可能更湿润一些，但是孢粉类型贫乏，中生及水生植物孢粉量少，指示这时生长的草原仍具有旱生性质。4 200aBP 以来，植被为草原及荒漠草原，气候条件较中全新世干旱，尤其在 3 800aBP 前后更甚。距今数百年以来，气候更干旱，蒸发量很高，荒漠植被发育。

4.1.6 天山小尤尔都斯盆地

尤尔都斯盆地是天山南坡高位山间盆地，地处盆地中部的艾尔宾山将盆地分隔为两个部分，其南为大尤尔都斯盆地，其北为小尤尔都斯盆地。小尤尔都斯盆地海拔 2 500～2 700m，盆地中分布着大面积的沼泽草甸和沼泽植被。群落中主要种类有：囊状苔草、细刺苔草、大看麦娘和水生植物眼子菜等。

许英勤等（1999）对小尤尔都斯盆地剖面孢粉植物群进行了分析研究，并结合沉积物、粒度等沉积特征，探讨了小尤尔都斯盆地全新世以来的环境演化。研究结果表明：全新世以来，小尤尔都斯盆地气候较现在略为湿润，盆地中分布的草甸草原植被现在则分布在海拔 2 700～2 900m 的山地阴坡，四周山地向盆地一侧曾有较大面积的云杉林分布。

4.2 东疆地区全新世植被与环境

巴里坤湖位于天山东部巴里坤盆地，为盆地中的封闭性咸水湖，海拔 1557m。近 20 年来，不少学者在该湖开展了许多有益的研究工作（韩淑媞等，1989；顾兆炎等，1998；钟巍等，1998；韩积彬等，2008a；2008b；李志飞等，2008；陶世臣等，2009），为理解该区古气候以及古植被演化提供了重要的基础资料。

陶世臣等（2009）利用巴里坤湖高分辨率的孢粉数据，结合 ^{14}C 测年数据及有效的年代校正，重建了该地区 8.8kaBP 以来植被的演化历史，为亚洲中部环境变迁模式提供了有益的证据。化石孢粉组合表明：8.8—8.0kaBP，这一时期以荒漠植被为主，8.6kaBP 以后湖泊水面逐渐增加，周围植被逐渐恢复，草原成分有所增加，但荒漠植被依然占主导。8.0—4.3kaBP，这一时期属于典型的荒漠草原/草原植被，湖泊周围可能有片状的桦木林地存在，木本植物明显增加，草原迅速扩张，而荒漠成分下降明显。该时期巴里坤湖周围地区可能有效湿度较高、湖水较深，为 8.8kaBP 以来植被最好的时期。4.3—3.8kaBP，这一时期呈现出典型的荒漠植被，荒漠植被快速扩张，木本以及草原植被急剧退缩。3.8—0.6kaBP，这一时期巴里坤湖湖面逐渐上升，周围植被开始明显恢复，草原成分逐渐增加，草甸明显扩张，特别是在 2.4—0.6kaBP 期间，草原草甸扩张到最大范围，周围属于荒漠草原/草原植被。0.6kaBP 以来，该区植被又呈现出明显的恶化趋势，荒漠草原植被由荒漠植被代替。

4.3 南疆地区全新世植被与环境

4.3.1 罗布泊地区

罗布泊位于新疆塔里木盆地的最东端，是塔里木盆地的汇水和集盐中心。湖区气候极端干燥，年降水量不足 20mm，年蒸发量约大于 3 000mm。现在湖区已经干涸，红柳、芦苇等耐盐耐旱植物见于湖泊边缘山麓地区。全新世时期罗布泊地区的环境曾发生过多次变化，距今约 3 000aBP 后由于湖面下降分为东湖和西湖两个部分。东湖长期处于干涸状态，西湖之后再次充水成湖，沉积物以含硫化物的碎屑沉积为主。

① 罗布泊湖剖面。朱青等（2009）主要通过对西湖中心地段一剖面的粒度分析，揭示该湖区全新世以来气候、植被等方面的变化，反映了该湖区的环境变化。中世纪暖期时罗布泊地区的降水和入湖水量均有增加，自然环境得到了很大改善，湖水由咸水半咸水变成微咸水，陆生和水生生物种类和数量增多（马春梅等，2008）。距今 3 000aBP 前后罗布泊曾一度干涸，在东湖沉积了厚达 50～70cm 的盐壳，西湖湖心地带则沉积了厚约 40cm 的含盐砂层。总体上看，全新世以来除中世纪暖期环境较好外，其余时段气候均较干燥，风尘作用强盛。

② 楼兰佛塔剖面。贾红娟等（2010）选取了楼兰古城遗址内佛塔北侧的一天然剖面进行取样，共采 121 个样，进行了粒度、总碳、无机碳、有机碳、氮含量分析，根据光释光年龄结果内插得出剖面时间跨度为 10.84—4.69kaBP，剖面气候环境可划分为 3 个阶段：10.84—10.13kaBP，这一时期为高湖面，气候湿润，流域内植物发育；10.13—7.45kaBP，沉积间断，说明此时段气候干旱，水体退出该地区；7.45—4.69kaBP，罗布泊气候相对湿润，其间湖泊存在多次的收缩与扩张，湖面扩张是短时间快速完成的，湖面衰退是逐渐变化的。之后的沉积缺失，说明湖泊大幅萎缩，彻底退出楼兰古城一带，这里成为罗布泊西侧岸区。楼兰古城正是建立在这套地层之上。

4.3.2 塔里木盆地南缘和田绿洲

和田绿洲位于塔里木盆地南缘，昆仑山北麓，暖温带大陆性荒漠气候。钟巍等（2007）选取了和田市西南约 11km 约特干古城遗址保护区南缘的一个河湖相沉积剖面，采集 29 个样品，同步进行了年代学、孢粉、地球化学元素和磁化率等分析。所有样品中均含有大量孢粉，主要以麻黄属、藜科、蒿属、禾本科为主，另外还有胡颓子属、菊科、柽柳、十字花科、豆科等以及少量的云杉、柳杨属、蓼科、白刺属、琵琶柴属、毛茛科和香蒲属等。植物孢粉组合表明，自全新世中期以来，该区一直呈现出总体干旱的环境特征，其间在不同的时间段也出现相对波动状况。6.7—4.0kaBP，以乔木植物孢粉为优势，此阶段反映的是平原河谷林植被，气候相对湿润。4.0—2.5 kaBP，以灌木、草本植物占优势，孢粉组合显示的是荒漠草原植被，气候相对干旱。2.5—0.6kaBP，以草本植物孢粉为主，此阶段主要表现为低湿地草甸草原植被特征，气候相对湿润。同时，由于该剖面位于古城遗址，晚全新世以来不可避免地会受到人类活动的影响。2.2kaBP 以前，由于生产力水平不高，人类活动对自然环境的影响较小，因而剖面所记录的环境变化的有关信息主要体现了其自然变化进程，但 2.2kaBP 之后，剖面各指标的变化则明显受到了人类活动的影响。

4.3.3 博斯腾湖

博斯腾湖是我国最大的内陆淡水湖，是西风影响区的较大湖泊。由于其主要受到西风带降水的影响，因而可以很好地记录西风影响区全新世气候变化的模式和过程。

黄小忠（2006）在博士论文中通过对采自博斯腾湖的多个岩芯和湖泊表层沉积物的孢粉、碳酸盐、粒度、磁化率以及少量钻孔样品的介形虫及其同位素、有机质含量等多指标的分析，重建了博斯腾湖区全新世的植被及环境演变过程。8 400—7 800aBP，该时期区域植被覆盖度较低，荒漠面积较大，植被主要为麻黄荒漠，草原、荒漠草原较小，气候干旱。7 800—5 950aBP，该时期区域植被有所增加，荒漠草原面积增加，区域有效湿度有所增加。5 950—3 910aBP，区域有效湿度较高，麻黄数量降低。3 910—1 325aBP，该时期香蒲数量增加，沼泽、湿地面积扩大，湖泊扩张。1325—510aBP，该时段区域荒漠面积逐渐扩张，有效湿度显著降低，气候干旱，沼泽湿地面积也显著减少。510—50aBP，该时段区域植被相对于前一阶段有所好转，气候变湿。

4.4 讨论

　　可以看出，新疆地区的古植物学和古生态学及其相应的古环境演变研究，已经积累了大量的孢粉和植物大化石记录，尤其是对全新世以来的诸多研究点及地区的古植被分布格局和古气候特征有了较全面的认识。然而，传统的古植物学和孢粉学研究存在一定的不足，它们往往对单个站点的研究比较细致和全面，但对区域尺度的集成和比较则显得较为薄弱，这主要归因于人力物力的限制和大尺度古生态学研究方法缺乏的制约。因此，综合运用目前国际上大尺度全球变化生态学模型（BIOME 系列模型）以及利用孢粉数据定量重建古植被的生物群区化（Biomisation）技术，从不同的时间和空间尺度上研究新疆地区历史时期，特别是全新世以来的古植被动态演变，全面研究新疆地区全新世以来古植被的动态演变，揭示全新世以来新疆地区古植被的动态演变规律及所反演的古环境状况，对于我们掌握西部环境系统的演变规律，如西部环境宏观格局形成的时间、原因和机制，不同时空尺度上的演化过程和驱动因素，同时把握全球变化背景下西部环境系统的变化趋势，为加强这些生态脆弱地区的生态安全研究提供科学基础，显得极其必要和具有重要的研究意义。

4.4.1 把握新疆及中国西北干旱区环境系统的演变规律

　　由于极其脆弱和已经恶化并在不断恶化的生态与环境，人类活动对植被发展的影响就显得非常突出，使得新疆成为政府和科学家一直以来关注的重点区域。通过对新疆全新世古植被的动态定量重建，反映古植被在生物地理上的移动规律，可以作为植被对于气候变化的长期反映的记录，还可作为理解植物种应对气候变化而产生地理移动的历史背景；也有助于我们以后深入掌握新疆全新世的环境演变规律，全新世环境演化过程中的植被与气候相互作用以及环境与人类活动的相互作用等，同时把握在全球变化的背景下新疆乃至中国西北干旱区环境系统的变化趋势，为政府资源开发利用、环境保护和生态安全调控等方面政策的制定提供咨询意见。

4.4.2　为后续的区域古气候的研究奠定基础

利用本研究重建的古植被分布格局，再结合现代植被和植物种-气候的定量关系，我们还可以利用全球变化生态学模型模拟新疆地区全新世以来的气候特征，同时基于现代植物功能性状-表土孢粉-现代气候的定量关系，定量重建关键时段的气候变化规律（主要是气温、降水和干燥度），并进行基于生态模型和植物功能性状的古气候特征的相互比较和验证，分析气候变化因素在古植被动态演变过程中的作用。

4.4.3　充实和完善中国第四纪孢粉数据库（CPD）

"中国第四纪孢粉数据库"的建立拯救了近半个世纪我国积累的孢粉学资料，是一笔可贵的科学财富。但是现有的数据对我们这样一个幅员辽阔、植被丰富的国家来说还嫌太少，而且地理分布很不均衡，西北、西南、西藏等有较大的空白区（孙湘君等，1999）。新疆的第四纪孢粉学家也做了较多工作，但一直没有进行系统的整理和建立自己的数据库。本研究建立新疆全新世孢粉数据库的工作，不仅对新疆的环境演变研究来说意义重大，而且对于充实和完善中国第四纪孢粉数据库，也有着很重要的作用。

4.4.4　建立适合中国植被特点的生物群区划分方案

由于中国以往所参与的是全球合作项目，是全球生物群区的重建，为了全球生物群区的划分和综合对比、分析的一致性，我国的重建工作采用了生物群区分类的全球方案，无法考虑我国的一些具体问题，过于简化的分类不易捕捉气候变化信息。中国需要建立适合自己植被特点的生物群区划分方案和生物群区模型（孙湘君等，1999），也就需要各特殊区域的深入研究和划分。新疆处在中国的西北部地区，属典型的温带大陆性气候。"三山夹两盆"的特殊地形地貌，使其植被具有较大的特殊性，拥有山地森林、草甸、草原以及平原沙漠、荒漠、荒漠草原和草原等多种植被特征。在全国乃至全球的古植被研究中，对于森林植被的植物功能型和生物群区的划分已经较为完善，而对非森林植被，尤其是像在新疆等西部地区占绝对优势的荒漠和草原植被划分还非常粗糙，需要进一步研究其划分方法。从长远来看，这可以为将来整个中国生物群区模型的设计和植被及气候模拟预测等作出一定的基础性贡献。

第5章　新疆全新世孢粉数据库

重建古植被最重要的基础是可靠准确的测年和第四纪孢粉分析数据。随着全球古环境研究的深入，数据资料的日益丰富，建立和完善数据管理系统工作显得愈来愈重要。过去全球变化委员会（PAGES）设置了专门的数据管理组织，为开展全球范围的古环境研究提供资料保证。近年来各大洲相继建立了以区域研究为对象的数据组织。中国也于1995年成立了中国第四纪孢粉数据库小组，主要工作是及时收集并存储近半个世纪以来我国孢粉学家所积累的大量孢粉资料。从此开始了中国第四纪孢粉数据库的工作，陆续利用此数据库开展了古植被重建工作（Yu et al.，1998，2000；中国第四纪孢粉数据库小组，2000，2001），并尝试建立了基于GIS的孢粉信息管理系统（肖霞云等，2002）。近年来，又有学者提出建设新的中国孢粉数据库（许清海，2007）。倪健等（2010）在收集全国所有中英文孢粉、古植物、古植被与古气候研究文献的基础上，整理分析了我国第四纪晚期（尤其是20 000年前以来，^{14}C测年）孢粉采集信息，为建设新的中国第四纪孢粉数据库提供了有用的信息基础。

本研究所收集到的新疆全新世孢粉数据主要来自于阎顺研究员和倪健研究员等提供的原始记录资料，也包括对一些已发表文献的数据提取。经过最初的数据采集后，考虑到天山冰碛物剖面、塔中一井、柴窝堡主孔、塔克拉玛干满西异一井、乌鲁木齐仓房沟、富蕴水磨沟探槽剖面、巴里坤0024孔、牛圈子剖面8个剖面的年代跨度较大，样品较少，恢复起来难度较大且代表性不够，我们在统计分析时没有采用。还有像肖唐剖面、北沙山剖面、昆仑山乌鲁克湖剖面等主要由于具体的地理位置难以确定，在统计分析时也予以排除。下面我们分别从孢粉类群、孢粉样品百分比、孢粉采样点地理坐标、孢粉样品的 ^{14}C 测年数据以及数据质量控制等方面对数据的采集、归并及统计分析情况进行介绍。

5.1 孢粉类群

通过对所收集到的孢粉资料的汇总分析，新疆第四纪孢粉研究中共出现以下 166 个孢粉类型（需要说明的是对于可能存在的鉴定有误或者再沉积的孢粉类型，在后面进行植物功能型设计时进行分析，这里仅对统计结果作了简单的归并）：

5.1.1 蕨类植物

（1）铁线蕨科 Adiantaceae，铁线蕨属 *Adiantum*；

（2）莲座蕨科 Angiopteridaceae；

（3）三叉蕨科 Aspidiaceae；

（4）蹄盖蕨科 Athyriaceae，蹄盖蕨属 *Athyrium*；

（5）骨碎补科 Davalliaceae；

（6）碗蕨科 Dennstaedtiaceae；

（7）里白科 Gleicheniaceae，里白属 *Diplopterygium*；

（8）木贼科 Equisetaceae，木贼属 *Equisetum*；

（9）膜蕨科 Hymenophyllaceae；

（10）伏石蕨属 *Lemmaphyllum*；

（11）瓦韦属 *Lepisorus Ching*；

（12）石松科 Lycopodiaceae，石松属 *Lycopodium*；

（13）小二仙草科 Myriophyllum；

（14）瓶尔小草科 Ophioglossaceae；

（15）紫萁科 Osmundaceae，紫萁属 *Osmunda*；

（16）旱蕨属 *Pellaea*；

（17）瘤足蕨科 Plagiogyriaceae，瘤足蕨属 *Plagiogyria*；

（18）水龙骨科 Polypodiaceae，水龙骨属 *Polypodium*；

（19）蕨科 Pteridiaceae，蕨属 *Pteridium*；

（20）凤尾蕨科 Pteridaceae，凤尾蕨属 *Pteris*；

（21）卷柏科 Selaginellaceae；

（22）中国蕨科 Sinopteridaceae；

（23）岩蕨科 Woodsiaceae。

5.1.2 裸子植物

（1）银杏科 Ginkgoaceae，银杏属 *Ginkgo*；

（2）松科 Pinaceae，松属 *Pinus*，落叶松属 *Larix*，铁杉属 *Tsuga*，冷杉属 *Abies*，雪松属 *Cedrus*，云杉属 *Picea*；

（3）柏科 Cupressaceae，刺柏属 *Juniperus*；

（4）红豆杉科 Taxaceae；

（5）苏铁科 Cycadaceae，苏铁属 *Cycas*；

（6）麻黄科 Ephedraceae，麻黄属 *Ephedra*；

（7）罗汉松科 Podocarpaceae，罗汉松属 *Podocarpus*。

5.1.3 被子植物

（1）毛茛科 Ranunculaceae，毛茛属 *Ranunculus*，楼斗菜属 *Aquilegia*，铁线莲属 *Clematis*，唐松草属 *Thalictrum*；

（2）小檗科 Berberidaceae；

（3）木兰科 Magnoliaceae；

（4）堇菜科 Violaceae；

（5）虎耳草科 Saxifragaceae；

（6）石竹科 Caryophyllaceae，石竹属 *Dianthus*；

（7）蓼科 Polygonaceae，蓼属 *Polygonum*，沙拐枣属 *Calligonum*；

（8）藜科 Chenopodiaceae，藜属 *Chenopodium*，角果藜属 *Ceratocarpus*、驼绒藜属 *Ceratoides*，假木贼属 *Anabasis*，盐节木属 *Halimodendron*、盐穗木属 *Halocnemum*，梭梭属 *Haloxylon*，地肤属

Kochia，小蓬属 *Nanophyton*；

（9）牛儿苗科 Geraniaceae，老鹳草属 *Geranium*；

（10）柳叶菜科 Onagraceae，柳兰属 *Chamaenerion*，露珠草属 *Circaea*；

（11）瑞香科 Thymeleaceae；

（12）椴树科 Tiliaceae，椴树属 *Tilia*；

（13）大戟科 Euphoribiaceae；

（14）蔷薇科 Rosaceae，蔷薇属 *Rosa*，委陵菜属 *Potentilla*，绣线菊属 *Spiraea*，栒子属 *Cotoneaster*；

（15）蝶形花科 Papilionaceae，紫云英属 *Astragalus*，骆驼刺属 *Alhagi*，锦鸡儿属 *Caragana*，甘草属 *Glycyrrhiza*，盐豆木属 *Halostachys*；

（16）杨柳科 Salicaceae，杨属 *Populus*，柳属 *Salix*；

（17）榛木科 Corylaceae，鹅耳枥属 *Carpinus*，榛木属 *Corylus*；

（18）榆科 Ulmaceae，榆属 *Ulmus*，朴树属 *Celtis*；

（19）壳斗科 Fagaceae，栎属 *Quercus*，栗属 *Castanea*；

（20）胡颓子科 Elaeagnaceae，胡颓子属 *Elaeagnus*，沙棘属 *Hippophae*；

（21）槭树科 Aceraceae，槭树属 *Acer*；

（22）漆树科 Anacardiaceae，盐肤木属 *Rhus*；

（23）核桃科 Juglandaceae，枫杨属 *Pterocarya*；

（24）五加科 Araliaceae；

（25）伞形科 Umbelliferae；

（26）杜鹃花科 Ericaceae；

（27）苋科 Amaranthaceae；

（28）天南星科 Araceae；

（29）紫葳科 Bignoniaceae；

（30）桔梗科 Campanulaceae；

（31）石竹科 Caryophyllaceae；

（32）菊科 Compositae，菊属 *Chrysanthemum*，牛蒡属 *Arctium*，

蒿属 *Artemisia*，紫菀属 *Aster*，蒲公英属 *Taraxacum*；

（33）山茱萸科 Cornaceae；

（34）十字花科 Cruciferae；

（35）莎草科 Cyperaceae，苔草属 *Carex*；

（36）川续断科 Dipsacaceae；

（37）山毛榉科 Fagaceae；

（38）龙胆科 Gentianaceae，龙胆属 *Gentiana*；

（39）禾本科 Gramineae，针茅属 *Stipa*；

（40）唇形科 Labiatae，扭藿香属 *Lophanthus*；

（41）豆科 Leguminosae，草木犀属 *Meliotus*；

（42）百合科 Liliaceae，葱属 *Allium*；

（43）亚麻科 Linaceae，野亚麻 *Linum*；

（44）柳叶菜科 Oenotheraceae；

（45）木犀科 Oleaceae；

（46）报春花科 Primulaceae，点地梅属 *Androsace*；

（47）鼠李科 Rhamnaceae；

（48）茜草科 Rubiaceae；

（49）无患子科 Sapindaceae；

（50）玄参科 Scrophulariaceae，马先蒿属 *Pedicularis*；

（51）黑三棱科 Sparganiaceae，黑三棱属 *Sparganium*；

（52）柽柳科 Tamaricaceae，水柏枝属 *Myricaria*，琵琶柴属 *Reaumuria*，柽柳属 *Tamarix*；

（53）霸王科 Zygophyllaceae，霸王属 *Zygophyllum*；

（54）忍冬科 Caprifoliaceae，忍冬属 *Lonicera*；

（55）车前草科 Plantaginaceae，车前草属 *Plantago*；

（56）旋花科 Convolvulaceae，菟丝子属 *Cuscuta*；

（57）泽泻科 Alismataceae，泽泻属 *Alisma*；

（58）香蒲科 Typhaceae，香蒲属 *Typha*；

（59）鸢尾科 Iridaceae，鸢尾属 *Iris*；

（60）桦木科 Betulaceae，桤木属 *Alnus*，桦木属 *Betula*；

（61）夹竹桃科 Apocynaceae，罗布麻属 *Apocynum*；

（62）胡桃科 Juglandaceae，胡桃属 *Juglans*，山核桃属 *Carya*；

（63）大麻科 Cannabaceae，葎草属 *Humulus*；

（64）蓝雪科 Plumbaginaceae，补血草属 *Limonium*；

（65）金缕梅科 Hamamelidaceae，枫香属 *Liquidambar*；

（66）千屈菜科 Lythraceae，千屈菜属 *Lythrum*；

（67）桑科 Moraceae，桑属 *Morus*；

（68）蒺藜科 Zygophyllaceae，骆驼蓬属 *Peganum*，白刺属 *Nitraria*；

（69）景天科 Crassulaceae，红景天属 *Rhodiola*；

（70）瑞香科 Thymelaeaceae，狼毒属 *Stellera*。

5.2 孢粉样品百分比数据

通过对孢粉学家 20 世纪 80 年代以来采集的表土和地层孢粉原始记录进行收集、归并和统计分析（对这一部分原始数据主要进行了孢粉类群、样品百分比数据、测年记录和与地理坐标有关的信息等的甄别），同时利用 Digitizer 等图像数字化软件恢复少数已发表的孢粉学文献（钟巍等，2001；许英勤，1998；孙湘君等，1994；许英勤等，1996；肖霞云等，2006）中的孢粉图式获得建立孢粉数据库需要的相关数据信息，最终建立起新疆全新世孢粉数据库，主要包括采样点地理坐标、采集者、表土样品特征、地层剖面或钻孔特征、现代植被类型等条目。

5.2.1 表土孢粉样品数据

表土孢粉样品资料数据主要来源于表土孢粉样，包括了各种植被带下的森林、草地、荒漠、荒漠草原、山地草甸和低地草甸等。其中原始记录占了绝大多数：主要包括阎顺研究员的工作笔记，从 1986—2001 年；倪健研究员提供的古尔班通古特沙漠—天山样点（75个）、乌鲁木齐河天山 1 号冰川样点（4 个）、天格尔山下大西沟到冰川前缘样点（7 个）样品；仅天山南坡一个样点的 13 个样品数据是通过利用 Digitizer 软件数字化"天山南坡表土孢粉分析及其与植被的数量关系"一文中的孢粉图谱获取的（许英勤，1996）。通过这两种途径共获取 200 个有效表土孢粉样点及有效孢粉样品（其中排除了塔克拉玛干等孢粉总粒数达不到统计要求的样品或样点）（表5-1，图 5-1）。从图 5-1 中可以很明显地看出新疆目前表土孢粉研究在采样布局上的一个特点，那就是样点分布极不均衡，主要集中在北疆地区。采集的主要区域有：阿勒泰地区，包括阿尔泰山南坡和平原区；柴窝堡区，包括天山北坡和平原区；乌鲁木齐河源区，包括中天山北坡中、高山带；昆仑山区；天池区，包括东天山北坡从平原到中、高山带；天山南坡等。在广大的南疆、东疆和伊犁、塔城等地区，表土样品几乎是空白状态。这就为我们孢粉研究工作者以后的工作提供了一定的指示和启发，为了更好地反映新疆的环境演变情况，作为基础数据的表土孢粉样品的采样分布以及分析研究有着一定的重要意义。

表 5-1　新疆表土孢粉采样点地理位置及样品信息

采样点	纬度/ (°N)	经度/ (°E)	海拔/ m	现代植被	样品来源
天山南坡 1	42.43	86.20	1 260	山地荒漠	参考文献[①]
天山南坡 2	42.41	86.28	1 235	山地荒漠	参考文献
天山南坡 3	42.32	86.27	1 140	山地荒漠	参考文献
天山南坡 4	42.57	86.26	1 500	山地荒漠	参考文献
天山南坡 5	42.77	86.36	1 860	荒漠草原	参考文献
天山南坡 6	42.85	86.43	2 080	荒漠草原	参考文献
天山南坡 7	42.90	86.64	2 490	草原	参考文献
天山南坡 8	42.97	86.70	2 800	草原	参考文献
天山南坡 9	42.97	86.71	2 960	高山草甸	参考文献
天山南坡 10	43.02	86.76	3 200	高山草甸	参考文献

[①] 许英勤（1996）发表的文章"天山南坡表土孢粉分析及其与植被的数量关系"。

采样点	纬度/ (°N)	经度/ (°E)	海拔/ m	现代植被	样品来源
天山南坡 11	43.07	86.80	3 400	高山草甸	参考文献
天山南坡 12	43.09	86.81	3 590	高山垫状植被	参考文献
天山南坡 13	43.12	86.87	3 750	高山垫状植被	参考文献
1 号冰川 1	43.12	87.09	3 736	高山草甸草原	原始记录①
1 号冰川 2	43.16	87.11	3 845	高山垫状植被	原始记录
1 号冰川 3	43.21	87.14	3 962	高山垫状植被	原始记录
1 号冰川 4	43.25	87.17	4 075	高山流石滩	原始记录
通古特—天山 1	43.50	87.28	1 820	山地草原	原始记录
通古特—天山 2	43.42	87.19	2 160	云杉林	原始记录
通古特—天山 3	43.36	87.18	2 370	云杉林	原始记录
通古特—天山 4	43.31	87.17	2 210	云杉林	原始记录
通古特—天山 5	43.26	87.13	2 580	云杉林	原始记录
通古特—天山 6	43.21	87.10	2 810	云杉林	原始记录
通古特—天山 7	43.17	87.06	3 015	高山草甸	原始记录
通古特—天山 8	44.27	87.88	460	典型荒漠	原始记录
通古特—天山 9	44.40	87.90	460	典型荒漠	原始记录
通古特—天山 10	44.27	87.86	465	典型荒漠	原始记录
通古特—天山 11	44.24	87.82	470	典型荒漠	原始记录
通古特—天山 12	44.23	87.85	480	典型荒漠	原始记录
通古特—天山 13	44.24	87.85	480	典型荒漠	原始记录
通古特—天山 14	44.24	87.86	480	典型荒漠	原始记录
通古特—天山 15	44.25	87.86	480	典型荒漠	原始记录
通古特—天山 16	44.26	87.86	480	典型荒漠	原始记录
通古特—天山 17	44.21	87.85	500	典型荒漠	原始记录
通古特—天山 18	44.22	87.86	500	典型荒漠	原始记录
通古特—天山 19	44.17	87.86	510	典型荒漠	原始记录
通古特—天山 20	44.20	87.86	510	典型荒漠	原始记录
通古特—天山 21	44.20	87.85	515	典型荒漠	原始记录
通古特—天山 22	44.18	87.85	515	典型荒漠	原始记录
通古特—天山 23	44.18	87.83	520	典型荒漠	原始记录

---

① 倪健研究员提供的原始数据。

采样点	纬度/（°N）	经度/（°E）	海拔/m	现代植被	样品来源
通古特—天山 24	44.17	87.85	520	典型荒漠	原始记录
通古特—天山 25	44.14	88.03	620	典型荒漠	原始记录
通古特—天山 26	44.11	88.05	700	蒿类荒漠	原始记录
通古特—天山 27	44.11	88.04	700	蒿类荒漠	原始记录
通古特—天山 28	44.09	88.08	800	蒿类荒漠	原始记录
通古特—天山 29	44.10	88.09	800	蒿类荒漠	原始记录
通古特—天山 30	44.07	88.08	900	蒿类荒漠	原始记录
通古特—天山 31	44.02	88.06	1 000	蒿类荒漠	原始记录
通古特—天山 32	44.01	88.06	1 100	蒿类荒漠	原始记录
通古特—天山 33	43.97	88.06	1 200	蒿类荒漠	原始记录
通古特—天山 34	43.97	88.08	1 230	蒿类荒漠	原始记录
通古特—天山 35	43.96	88.08	1 300	森-草过渡带	原始记录
通古特—天山 36	43.95	88.09	1 300	森-草过渡带	原始记录
通古特—天山 37	43.95	88.09	1 400	森-草过渡带	原始记录
通古特—天山 38	43.94	88.10	1 400	森-草过渡带	原始记录
通古特—天山 39	43.93	88.08	1 500	森-草过渡带	原始记录
通古特—天山 40	43.92	88.09	1 500	森-草过渡带	原始记录
通古特—天山 41	43.93	88.07	1 600	森-草过渡带	原始记录
通古特—天山 42	43.93	88.09	1 600	森-草过渡带	原始记录
通古特—天山 43	43.92	88.11	1 615	森-草过渡带	原始记录
通古特—天山 44	43.92	88.07	1 700	森-草过渡带	原始记录
通古特—天山 45	43.92	88.06	1 720	森-草过渡带	原始记录
通古特—天山 46	43.90	88.12	1 800	云杉林	原始记录
通古特—天山 47	43.91	88.02	1 800	云杉林	原始记录
通古特—天山 48	43.89	88.11	1 900	云杉林	原始记录
通古特—天山 49	43.86	88.15	2 000	云杉林	原始记录
通古特—天山 50	43.86	88.13	2 000	云杉林	原始记录
通古特—天山 51	43.85	88.14	2 100	云杉林	原始记录
通古特—天山 52	43.84	88.17	2 230	云杉林	原始记录
通古特—天山 53	43.84	88.15	2 230	云杉林	原始记录
通古特—天山 54	43.85	88.15	2 295	云杉林	原始记录
通古特—天山 55	43.85	88.14	2 300	云杉林	原始记录

采样点	纬度/ (°N)	经度/ (°E)	海拔/ m	现代植被	样品来源
通古特—天山 56	43.91	88.17	2 320	云杉林	原始记录
通古特—天山 57	43.85	88.13	2 400	云杉林	原始记录
通古特—天山 58	43.84	88.17	2 428	云杉林	原始记录
通古特—天山 59	43.85	88.16	2 500	云杉林	原始记录
通古特—天山 60	43.85	88.13	2 508	云杉林	原始记录
通古特—天山 61	43.83	88.17	2 600	云杉林	原始记录
通古特—天山 62	43.82	88.18	2 600	云杉林	原始记录
通古特—天山 63	43.83	88.18	2 700	(亚)高山草甸	原始记录
通古特—天山 64	43.83	88.17	2 700	(亚)高山草甸	原始记录
通古特—天山 65	43.82	88.18	2 700	(亚)高山草甸	原始记录
通古特—天山 66	43.83	88.17	2 750	(亚)高山草甸	原始记录
通古特—天山 67	43.81	88.18	2 755	(亚)高山草甸	原始记录
通古特—天山 68	43.83	88.16	2 800	(亚)高山草甸	原始记录
通古特—天山 69	43.82	88.19	2 800	(亚)高山草甸	原始记录
通古特—天山 70	43.81	88.19	2 815	(亚)高山草甸	原始记录
通古特—天山 71	43.83	88.19	2 900	(亚)高山草甸	原始记录
通古特—天山 72	43.83	88.20	2 900	(亚)高山草甸	原始记录
通古特—天山 73	43.82	88.19	2 910	(亚)高山草甸	原始记录
通古特—天山 74	43.81	88.20	3 000	(亚)高山草甸	原始记录
通古特—天山 75	43.80	88.21	3 110	(亚)高山草甸	原始记录
通古特—天山 76	43.80	88.20	3 130	(亚)高山草甸	原始记录
通古特—天山 77	43.79	88.21	3 200	(亚)高山草甸	原始记录
通古特—天山 78	43.79	88.22	3 300	(亚)高山草甸	原始记录
通古特—天山 79	43.79	88.23	3 380	(亚)高山草甸	原始记录
通古特—天山 80	43.78	88.23	3 400	(亚)高山草甸	原始记录
通古特—天山 81	43.77	88.24	3 420	(亚)高山草甸	原始记录
通古特—天山 82	43.78	88.24	3 510	高寒垫状植被	原始记录
阿勒泰市 1	47.54	88.75	1 055	草原	原始记录[①]
阿勒泰市 2	47.51	88.69	1 045	草原	原始记录
阿勒泰市 3	47.46	88.60	900	荒漠草原	原始记录

① 自此往下的表土孢粉数据均由阎顺研究员提供的工作笔记整理而成。

采样点	纬度/ （°N）	经度/ （°E）	海拔/ m	现代植被	样品来源
阿勒泰市 4	47.38	88.51	760	荒漠草原	原始记录
阿勒泰市 5	47.31	88.39	655	荒漠草原	原始记录
布尔津 1	47.65	86.60	760	荒漠草原	原始记录
布尔津 2	48.05	86.80	730	荒漠草原	原始记录
布尔津 3	47.46	87.10	500	盐湖低地草甸	原始记录
布尔津 4	47.53	87.03	490	盐湖低地草甸	原始记录
布尔津 5	47.43	86.60	480	平原河谷林	原始记录
吉木乃 1	47.41	85.74	1 100	荒漠草原	原始记录
吉木乃 2	47.70	85.89	640	荒漠	原始记录
贾登峪 1	48.48	87.17	1 910	森林草原	原始记录
贾登峪 2	48.50	87.15	1 670	山地草原	原始记录
喀纳斯 1	48.71	86.98	1 800	森林草原	原始记录
喀纳斯 2	48.67	87.03	1 450	森林	原始记录
喀纳斯 3	48.64	87.03	1 400	森林	原始记录
喀纳斯 4	48.59	87.09	1 410	森林草原	原始记录
喀纳斯 5	48.55	87.12	1 300	森林草原	原始记录
铁列克 1	48.66	86.72	1 410	草原	原始记录
铁列克 2	48.79	86.84	1 520	亚高山草甸	原始记录
海流滩	48.28	86.93	1 190	干草原	原始记录
可可托海	47.20	89.93	1 210	山地河谷林	原始记录
哈巴河 1	47.90	85.99	460	平原河谷林	原始记录
哈巴河 2	48.21	86.31	470	古河道草甸	原始记录
哈巴河 3	48.14	86.17	500	平原河谷林	原始记录
哈巴河 4	48.01	86.08	500	草原化荒漠	原始记录
哈巴河 5	48.20	85.76	500	荒漠草原	原始记录
哈巴河 6	48.31	86.33	513	盐生草甸	原始记录
哈巴河 7	48.14	86.17	520	古河道草甸	原始记录
哈巴河 8	48.17	86.66	550	荒漠	原始记录
哈巴河 9	48.55	86.59	748	荒漠草原	原始记录
北屯 1	47.38	87.50	495	平原河谷林	原始记录
北屯 2	247.22	87.76	520	假木贼荒漠	原始记录
北屯 3	47.26	88.17	576	荒漠草原	原始记录

采样点	纬度/ (°N)	经度/ (°E)	海拔/ m	现代植被	样品来源
北屯 4	47.33	87.75	600	假木贼荒漠	原始记录
萨乌尔山 1	47.33	85.69	1 620	草原	原始记录
萨乌尔山 2	47.01	86.41	2 000	亚高山草甸	原始记录
萨乌尔山 3	47.23	85.60	2 470	亚高山草甸	原始记录
富蕴 1	47.45	89.06	1 490	灌木草原	原始记录
富蕴 2	47.06	89.74	1 050	蒿类荒漠草原	原始记录
和布克塞尔	46.96	86.10	1 090	蒿类+针茅 草原	原始记录
青河	46.58	86.10	1 260	荒漠草原	原始记录
福海 1	46.62	87.56	490	荒漠	原始记录
福海 2	46.66	88.00	510	荒漠	原始记录
杜热 1	46.43	88.39	710	假木贼荒漠	原始记录
杜热 2	46.54	88.16	710	假木贼荒漠	原始记录
柴窝堡湖南 1	43.53	87.83	1 100	尧尾草草甸	原始记录
柴窝堡湖南 2	43.52	87.82	1 130	芨芨草草甸	原始记录
柴窝堡湖南 3	43.52	87.80	1 150	荒漠	原始记录
柴窝堡湖南 4	43.51	87.80	1 170	荒漠	原始记录
柴窝堡湖南 5	43.50	87.78	1 180	荒漠	原始记录
柴窝堡湖南 6	43.50	87.77	1 190	荒漠	原始记录
柴窝堡湖南 7	43.49	87.75	1 200	荒漠	原始记录
柴窝堡湖南 8	43.49	87.74	1 230	荒漠	原始记录
柴窝堡湖南 9	43.49	87.72	1 245	荒漠	原始记录
柴窝堡湖南 10	43.48	87.71	1 260	荒漠	原始记录
柴窝堡湖南 11	43.48	87.70	1 270	荒漠草原	原始记录
柴窝堡湖南 12	43.48	87.68	1 300	荒漠草原	原始记录
柴窝堡湖南 13	43.48	87.67	1 320	荒漠草原	原始记录
柴窝堡湖南 14	43.48	87.66	1 370	荒漠草原	原始记录
柴窝堡湖南 15	43.48	87.65	1 400	荒漠草原	原始记录
柴窝堡湖南 16	43.47	87.64	1 470	草原	原始记录
柴窝堡湖南 17	43.47	87.63	1 520	草原	原始记录
柴窝堡湖南 18	43.47	87.62	1 560	草原	原始记录
柴窝堡湖南 19	43.46	87.59	1 620	草原	原始记录

采样点	纬度/（°N）	经度/（°E）	海拔/m	现代植被	样品来源
柴窝堡湖南 20	43.46	87.59	1 660	草原	原始记录
柴窝堡湖南 21	43.46	87.58	1 700	草原	原始记录
柴窝堡湖北 1	43.53	87.83	1 100	荒漠	原始记录
柴窝堡湖北 2	43.54	87.83	1 125	低地草甸	原始记录
柴窝堡湖北 3	43.54	87.85	1 140	荒漠	原始记录
柴窝堡湖北 4	43.55	87.86	1 200	荒漠	原始记录
柴窝堡湖北 5	43.55	87.87	1 220	荒漠	原始记录
柴窝堡湖北 6	43.55	87.88	1 270	荒漠	原始记录
柴窝堡湖北 7	43.56	87.89	1 330	荒漠	原始记录
柴窝堡湖北 8	43.56	87.90	1 370	荒漠	原始记录
柴窝堡湖北 9	43.56	87.91	1 450	荒漠草原	原始记录
柴窝堡湖北 10	43.57	87.92	1 537	荒漠草原	原始记录
柴窝堡湖北 11	43.58	87.93	1 550	荒漠草原	原始记录
柴窝堡湖北 12	43.58	87.94	1 630	荒漠草原	原始记录
昆仑山 1	38.96	87.89	950	低地草甸	原始记录
昆仑山 2	38.45	86.83	1 187	低地草甸	原始记录
昆仑山 3	38.31	86.65	1 260	低地草甸	原始记录
昆仑山 4	37.75	87.28	3 900	荒漠	原始记录
昆仑山 5	37.77	87.32	3 700	荒漠	原始记录
昆仑山 6	37.78	87.41	3 917	荒漠草原	原始记录
昆仑山 7	37.53	88.96	4 040	荒漠草原	原始记录
昆仑山 8	37.32	89.01	4 140	荒漠草原	原始记录
昆仑山 9	37.39	90.35	4 155	荒漠草原	原始记录
昆仑山 10	37.39	90.34	4 180	荒漠草原	原始记录
乌河源区 1	43.07	86.80	3 530	蒿草草甸	原始记录
乌河源区 2	43.09	86.80	3 565	苔草草甸	原始记录
乌河源区 3	43.09	86.81	3 600	蒿草草甸	原始记录
乌河源区 4	43.10	86.81	3 690	红景天草甸	原始记录
乌河源区 5	43.11	86.81	3 700	蒿草草甸	原始记录
乌河源区 6	43.11	86.82	3 740	苔草草甸	原始记录
乌河源区 7	43.10	86.82	3 760	高山垫状植被	原始记录
乌河源区 8	43.11	86.83	3 775	高山垫状植被	原始记录

采样点	纬度/ (°N)	经度/ (°E)	海拔/ m	现代植被	样品来源
乌河源区 9	43.12	86.83	3 825	高山垫状植被	原始记录
乌河源区 10	43.13	86.83	3 880	高山流石滩	原始记录
乌河源区 11	43.15	86.84	3 995	高山流石滩	原始记录

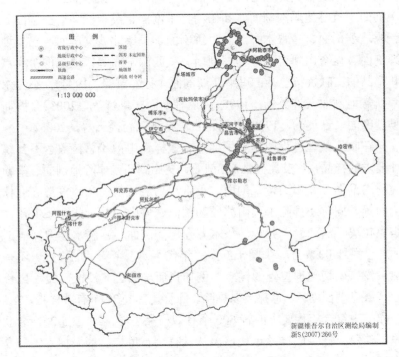

新疆维吾尔自治区测绘局编制
新S(2007)266号

图 5-1　新疆表土孢粉采样点分布图

5.2.2 地层孢粉样品数据

　　化石孢粉主要采用来自全疆各地的钻孔、剖面的孢粉分析。其资料数据来源主要通过两个渠道获得：一是原始记录的地层孢粉样品数据，二是公开发表的文献资料，利用 Digitizer 图像数字化软件对孢粉图谱进行数据恢复（需要说明的是，在对孢粉图谱的恢复过程中发现，由于不同时期研究手段和侧重点的差异，早期发表文献的孢粉图谱中大多只包括主要孢粉类型的百分比数据，而省略了次要孢粉类型的百分比数据）。其中原始记录主要来自阎顺研究员的工作笔记：小西沟剖面、东河坝剖面、罗布泊K1孔、艾比湖ASH孔、大罗坝剖面、柴窝堡湖副孔、桦树窝子剖面、东道海子剖面、四厂湖剖面、五道林剖面、可可苏剖面、艾比湖总干渠剖面、艾比湖西南剖面、策略达玛沟剖面、和田约特干剖面、英吉沙乌恰桥剖面和新源坎苏剖面、乌鲁木齐红五月桥剖面、阜康北沙窝剖面、巴里坤湖剖面、昆仑山阿奇克库勒湖剖面、大西沟剖面等。地层孢粉样点和样品的文献资料包括：玛纳斯湖剖面（孙湘君等，1994）；小尤尔都斯盆地剖面（许英勤，1998）；尼雅剖面（钟巍等，2001）；博斯腾湖剖面（许英勤，1998）；乌伦古湖钻孔（肖霞云等，2006）。

在收集整理过程中排除了部分有效样点中孢粉总粒数达不到统计要求的样品，如艾比湖AAZ剖面、艾比湖西南岸阶地剖面、策勒达玛沟剖面、和田约特干剖面、英吉沙乌恰桥剖面和吐鲁番五道林剖面等。同时还排除了天山冰碛物剖面、塔中一井、柴窝堡主孔、塔克拉玛干满西异一井、乌鲁木齐仓房沟剖面、富蕴水磨沟探槽剖面、巴里坤0024孔、牛圈子剖面等年代不属于全新世的样点。还有很多没有确切地理位置的样点，例如肖唐剖面、北沙山剖面、昆仑山乌鲁克湖剖面等，也都予以排除。目前共获取29个有效样点，785个样品中符合年代要求的有600个有效样品（表5-2，图5-2）。这里先不谈每个样点的样品年代，仅从具有全新世样品的采样点图5-2也可以看出，新疆地层孢粉采样点大多数也都集中于北疆地区，南疆地区相对非常稀少，仅分布在库尔勒的博斯腾湖、和田的策勒、喀什的英吉沙以及罗布泊等地，在整个塔里木盆地基本上处于空白状态。因此，要实现对于整个新疆第四纪以来环境演变更深入和全面的研究，还需要设计更多的孢粉采样点，采集更多的孢粉样品，以此更全面地分析和探讨新疆的气候和植被变化，同时也为新疆第四纪孢粉数据库的充实和完善做更多的努力。

表 5-2　新疆地层孢粉采样点地理位置及样品信息

采样点	纬度/ (°N)	经度/ (°E)	海拔/ m	剖面性质	现代植被	样品来源
小西沟	43.8	89.12	1 360	湖相沉积	荒漠草原	原始记录①
东河坝	44.2	89.19	645	湖相沉积	荒漠	原始记录
罗布泊 K1 孔	40.28	90.15	780	湖泊沉积	荒漠	原始记录
红五月桥	43.00	87.00	2 516	河湖相沉积	荒漠	原始记录
艾比湖 AAZ	44.33	82.27	212	河湖相沉积	荒漠	原始记录
艾比湖西南	45.00	82.48	212	湖泊沉积	荒漠	原始记录
艾比湖 ASH 孔	44.87	82.74	195	古沙丘河流	荒漠	原始记录
策勒达玛沟	37.00	80.42	1 380	古河湖沉积	荒漠	原始记录
和田约特干	37.30	79.48	1 330	河湖相沉积	荒漠	钟巍，2007
英吉沙乌恰桥	43.12	83.30	1 320	黄土-古土壤	荒漠草原	原始记录
新源坎苏	39.07	79.01	1 470	湖泊沉积	荒漠	原始记录
大罗坝	47.50	88.12	2 020	河湖沉积	亚高山草甸	原始记录
罗布泊罗 4 井	40.20	90.15	800	湖泊沉积	荒漠	原始记录
玛纳斯湖	45.83	86.00	251	河湖沉积	荒漠	孙湘君，1994
四厂湖	44.31	89.14	589	湖泊沉积	荒漠	原始记录
柴窝堡湖西 CKF 孔	43.33	87.47	1 100	盆地沉积	草原	原始记录
小尤尔都斯盆地	43.08	84.63	2 500	湖泊沉积	荒漠草原	许英勤，1999
尼雅	36.14	82.78	1 100	河流沉积	荒漠	钟巍，2001
塔格勒	37.12	80.26	1 345	古文化遗址	荒漠草原	原始记录
巴里坤湖西北岸	43.81	92.53	1 780	湖沼相沉积	低地草甸	原始记录
博斯腾湖	42.21	86.64	1 500	湖沼相沉积	荒漠	许英勤，1998
东道海子	44.70	87.56	430	湖沼相沉积	荒漠	原始记录
桦树窝子	43.81	89.13	1 320	山麓沉积	荒漠草原	原始记录
可可苏	47.59	87.47	280	剖面	荒漠	原始记录
大西沟	43.12	86.85	3 450	泥炭沉积	高山草甸	原始记录
阜康北沙窝	44.17	87.92	485	泥沼沉积	荒漠	原始记录
吐鲁番五道林	43.10	89.92	−25	湖相沉积	荒漠草原	原始记录
乌伦古湖	47.23	87.17	467	湖泊沉积	亚高山草甸	肖霞云，2006
阿奇克库勒湖	36.67	89.00	4 680	湖泊沉积	冻原	原始记录

---

① 本表中的原始记录均为阎顺研究员的工作笔记整理而成。

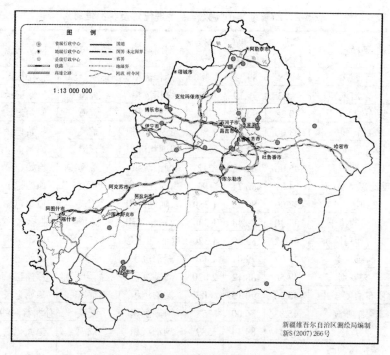

图 5-2　新疆地层孢粉采样点分布图

5.3 孢粉样品采样点地理坐标数据

按照 Biomisation 程序运行的需要，所有孢粉样点的地理坐标数据都必须包括经度数据、纬度数据和高程数据三个方面。这部分数据的获取主要通过以下几个途径获取：（1）原始记录，主要来自阎顺研究员的工作笔记（包括大罗坝剖面、罗布泊 K1 钻孔、柴窝堡湖副孔、桦树窝子剖面、东道海子剖面、小西沟剖面、四厂湖剖面以及众多的表土孢粉样点）和倪健研究员提供的原始记录。在这一部分数据的采集中，由于孢粉前期工作的技术局限性，GPS 使用（1994年）以前的采样点基本上都缺少明确的坐标数据，但在笔记中都作了比较详细的位置描述。对于这部分原始记录中没有 GPS 时候所采样品的地理坐标，主要参考了新疆维吾尔自治区测绘局 1979 年绘制的 1∶1 000 000 新疆地形图，中国科学院综合考察委员会新疆综合考察队植物组 1972 年编辑、中国科学院地理研究所地图室绘图组 1978 年绘制的 1∶4 000 000 新疆植被类型图等文本资料，参考笔记中的详细描述确定地层孢粉样点的地理坐标数据。对于表土孢粉数据，除了参考前述的文本资料，同时利用 Mapinfow 等 GIS 软件，在对阎顺研究员以前制作的新疆表土孢粉采样点底图进行配准后获取；（2）已发表的文献记录中大多数都是有明确地理坐标数据的，对于没有数据但有详细描述的，按照与处理原始记录数据相似的方法获取，对于没有明确数据并且缺乏详细描述的，予以排除。最终获取的地理坐标数据分别见表 5-1 和表 5-2。

5.4 ^{14}C 年龄

主要以每个有效样点的实际测年数据为基础，依靠对每个样点沉积速率的推算来获取每个有效样品的年代数据，从而建立较为连续的时间序列。考虑到这次工作属于对多个样点的沉积速率分别推算后的分析，不同样点的记录和文献表述中提供的岩性和实测数据数量等情况都存在一定差异，在进行沉积速率推算时从宏观角度考虑，忽略了岩性等对沉积速率的影响，仅仅在两点之间按照样品数取均值的插值方法进行推算。这会存在一定的误差，但要尝试建立完整的古植被动态，目前来看没有其他方法代替。通过这种方法，共获取 29 个地层孢粉有效样点的从 500aBP 到 11 000aBP 的 554 个较为连续的 ^{14}C 估算年龄（表 5-3）。

表 5-3 新疆地层孢粉点 ^{14}C 年龄及估算的 ^{14}C 年龄

序号	采样点名称	^{14}C 年龄及估算的 ^{14}C 年龄
1	小西沟	0，76，153，229，305，382，458，534，610，686，763，839
		916，992，1 068，1 145，1 220，1 297，1 373，1 450，1 526，1 587
		1 679，1 755，2 000，2 245，2 490，2 735，2 980，3 225，3 470
		3 715，3 960，4 205，4 450，4 695，4 940，5 430
2	东河坝	577，600，747，814，822，995
3	罗布泊 K1 钻孔	6 812，8 150，9 220，10 023，12 430
4	乌鲁木齐红五月桥	3 950，5 073，6 197，7 320
5	艾比湖 AAZ 剖面	1 400，1 450，1 500，1 600，3 440，4 345，6 600，7 330，7 680
		8 030，9 080，1 0392，11 880
6	艾比湖西南湖岸阶地	1 500，3 850，5 340，7 330，7 495
7	艾比湖 ASH 孔	280，560，840，1 120，1 400，1 567，1 733，1 900，1 916
8	和田策勒达玛沟	4 182，4 400，4 455，4 509，7 231，9 500，9 773，10 115，10 250
		10 936，11 050
9	和田约特干	1 930，3 862，5 020，6 951
10	英吉沙乌恰桥	1 123，1 498，2 696，2 996，4 868，7 863，10 110
11	新疆新源坎苏	820，4 900，8 980，13 060
12	大罗坝	438，876，1 752，3 505，4 380，5 257，7 009，8 761，10 513，12 703
13	罗布泊罗 4 井	0，1 203，2 407，3 610，5 048，6 485，7 923，9 360，10 991，12 623

序号	采样点名称	^{14}C 年龄及估算的 ^{14}C 年龄
14	玛纳斯湖 LM-1 孔	330，664，792，969，1 140，1 210，1 325，1 441，1 557，1 673
		1 789, 1 905, 2 003, 2 102, 2 200, 2 299, 2 397, 2 495, 2 594
		2 692, 2 791, 2 889, 2 987, 3 086, 3 184, 3 283, 3 381, 3 440
		3 570, 3 895, 4 220, 4 545, 4 870, 5 195, 5 520, 5 845, 6 170
		6 495, 6 820, 7 145, 7 210, 7 398, 7 633, 7 868, 8 103, 8 338
		8 573, 8 808, 9 043, 9 278, 9 513, 9 748, 9 983, 10 030
15	四厂湖	261，326，391，430，469，509，548，587，626，665，705
		800，840，880，920，960，1 000，1 054，1 107
16	柴窝堡湖西 CKF 孔	483，870，1 257，2 224，2 804，3 578，4 351，5 125，5 705，7 216
		9 860
17	小尤尔都斯盆地	437，875，1 312，1 749，2 187，2 624，3 062，3 499，3 936，4 155
		4 374, 4 811, 5 248, 5 686, 6 213, 6 561, 6 998, 7 435, 7 873, 8 310, 8 747, 9 185, 9 622
18	尼雅	559，950，1 118，1 230，1 380，1 605，1 680，1 963，2 247，2 530
		3 080，3 264，3 632
19	塔格勒	45，56，67，89，100，122，156，178，200，248，296，343，391，
		439，487，534，582，630，678，726
20	巴里坤湖西北岸	22，45，67，90，112，135，157，179，202，224，247，269
		291，314，336，359，381，404，426
21	博斯腾湖	467，933，1 400，1 867，2 333，2 800，3 800，4 800，5 733，6 667
		7 600，8 600，9 600，10 600，11 700

序号	采样点名称	^{14}C 年龄及估算的 ^{14}C 年龄
22	东道海子	61，183，305，466，627，788，948，1 109，1 270，1 280，1 290
		1 300，1 310，1 375，1 440，1 505，1 570，1 635，1 700，1 750，1 801
		1 852，1 903，1 954，2 004，2 055，2 106，2 156，2 207，2 257，2 308
		2 359，2 410，2 588，2 765，2 943，3 120，3 160，3 202，3 243，3 284
		3 325，3 366，3 407，3 448，3 489，3 530，3 746，3 853，3 961，4 069
		4 177，4 284，4 392，4 500，4 769，5 039，5 308，5 578，5 847，6 117
		6 386，6 656
23	桦树窝子	0，65，129，193，257，321，385，450，488，525，563，600
		638，675，713，750，788，825，863，900，938，975，1 013，1 050
		1 091，1 133，1 174，1 216，1 257，1 299，1 340，1 382，1 423，1 465
		1 506，1 548，1 589，1 630，1 672，1 713，1 755，1 796，1 838，1 880
		1 921，1 963，2 004，2 046，2 087，2 128，2 170，2 211
24	可可苏	810，856，902，948，994，1 040，1 280，1 520，1 760，2 000
25	大西沟	155，193，232，271，310，348，387，426，464，503，542，580
		619，658，697，735，774，813，851，890，979，1 067，1 156
		1 245，1 334，1 422，1 511，1 600，1 688，1 777，1 866，1 955，2 043
		2 132，2 221，2 309，2 398，2 487，2 575，2 664，2 753，2 842，2 930
		3 019，3 108，3 196，3 285，3 374，3 463，3 551，3 640，3 729

序号	采样点名称	^{14}C 年龄及估算的 ^{14}C 年龄
26	阜康北沙窝	1 222，2 444，3 667，4 889，6 111，7 333，8 556，9 778，11 000
27	吐鲁番五道林	7 513，8 347，8 657，8 758，8 859，8 960，9 348，11 092，11 286
28	乌伦古湖	350，700，945，985，1 120，1 255，1 295，1 496，1 784，2 071，2 359
		2 560，2 684，3 099，3 265，3 485，3 926，4 367，5 168，5 249，5 689
		6 086，6 993，7 899，8 262，8 806，9 713
29	阿奇克库勒湖	8 090，10 110，11 670，12 650

5.5 数据质量控制

由于不同钻孔或剖面的时间分辨率不同和 ^{14}C 测年技术的限制，难以做到每个样点的时间连续性完全一致，因此根据 Harrison 等（1995）的测年控制方法，数据质量控制分成两类：具有相邻两个 ^{14}C 数据的样品定位 C 类，仅有一个相邻 ^{14}C 数据的样品定位 D 类。1C 为具有两个相邻的不超过 2000a 的 ^{14}C 数据。例如对于 6kaBP，相邻的两个 ^{14}C 数据分别为 4ka 至 6ka 和 6ka 至 8ka，则该样品定为 1C，同理，2C、3C、4C 和 5C 则分别为 2ka 与 4ka、4ka 与 4ka、4ka 与 6ka 以及 6ka 与 6ka。1D、2D、3D、4D、5D 则分别为一个 ^{14}C 数据距离提取时间点的跨度为 250a、500a、750a、1 000a、1 500a 和 2 000a，超过上述范围的则定为 7。这里考虑到新疆样点沉积速率推算后的时间间隔比较小，将上述标准做了修改。我们将数据质量控制分成两类：具有相邻两个 ^{14}C 数据的样品定位 A 类，仅有一个相邻 ^{14}C 数据的样品定位 D 类。1A 为具有两个相邻的不超过 250a 的 ^{14}C 数据。同理，2A、3A、4A 和 5A 则分别为两个相邻的不超过 500a、750a、1 000a、1 500a 和 2 000a。1D、2D、3D、4D、5D 则分别为一个 ^{14}C 数据距离提取时间点的跨度为 250a、500a、750a、1 000a、1 500a 和 2 000a，超过上述范围的则定位为 7（表 5-4）。

另外，Biomisation 程序运算需要一定数量的孢粉，否则，参与运算的孢粉类群的孢粉数量太少，容易造成"噪声放大"，使重建结果"歪曲"，因此，为提高孢粉样品模拟运算的稳健性，剔除那些植物孢粉统计数量少于 40 粒的孢粉样品。

表 5-4　新疆地层孢粉点全新世测年误差控制表

采样点	^{14}C 数	0.5 Ka	1 Ka	1.5 Ka	2 Ka	2.5 Ka	3 Ka	4 Ka	5 Ka	6 Ka	7 Ka	8 Ka	9 Ka	10 Ka	11 Ka
小西沟	2	1A	1A	1A	1D	1A	1A	1A	1D						
东河坝	2	1D	1D												
罗布泊 K1 孔	1										1D	1D	1D	1D	4D
红五月桥	2						1D	1D	1D	2D					
艾比湖 AAZ	6			1D		2D	2D		3D	2D	1D	1D	2D		5D
艾比湖西南	3			1D			1D	2D		2D					
艾比湖 ASH 孔	2	1D	1A	1A	1A										
策勒达玛沟	5						1D	3D		1D		2D	1D	1D	
和田约特干	1				1D			1D		1D					
乌恰桥	1		1D	1D		1D	1D		1D			1D		1D	
新源坎苏	2		1D					1D				1D			
大罗坝	1	1D	1D	2D			3D	2D	2D		1D	1D			5D
罗 4 井	2		1D		1D		2D	1D	2D			1D	2D	4D	5D
玛纳斯湖	7	1D	1A	1A	1A	1A	1A	1A	1A	1A	1A	1A	1A	1A	1A
四厂湖	2	1A	1A												
CKF 孔	2	1D	1D	1D	1D	2D	3D	2D	1D	2D	1D				1D
小尤尔都斯	1	1D	1D	1D	1D						1D	1D	1D	2D	
尼雅	4	1D	1A	1A	1A	1D	2D								
塔格勒	2	1A													
巴里坤湖西北	2	1D													
博斯腾湖	4	1D	1D	1D	1D	1D	1D	2D	2D	2D	2D	2D	2D	2D	2D
东道海子	8	1A	1A	1A	1A	1A	1A	1A	1A	1A	1A	2D			
桦树窝子	3	1A	1A	1A	1A										
可可苏	3		1A	1A	1D										
大西沟	2	1A	1A	1A	1A	1A	1A	2D							

采样点	^{14}C数	0.5 Ka	1 Ka	1.5 Ka	2 Ka	2.5 Ka	3 Ka	4 Ka	5 Ka	6 Ka	7 Ka	8 Ka	9 Ka	10 Ka	11 Ka
阜康北沙窝	1		1D		1D		2D	1D	1D	2D	2D	1D	1D		
吐鲁番五道林	3										3D	2D	1D	3D	1D
乌伦古湖	6	1D	1A	1D	1D	1A	1D	1D	1D	1D	1A	1D	2D		
阿奇克库勒湖	2											1D		1D	3D

备注：表中测年控制标准主要参考的是 the COHMAP dating scheme（Yu & Harrison，1995）：1D 表示为一边相邻样品允许的测年误差最大为 250a；2D 表示测年误差控制为 500a；3D 表示测年误差控制为 750a；4D 表示测年误差控制为 1 000a；5D 表示测年误差控制为 1 500a；6D 表示测年误差控制为 2 000a；以此类推。1A 表示两边相邻样品的允许测年误差最大均为 2 000a；2A 表示一边允许的测年误差最大为 2 000a，而另一边为 4 000a；3A 表示两边允许的测年误差均为 4 000a；4A 表示一边允许的误差为 4 000a，而另一边为 6 000a；其后以此类推；超出以上范围的定为 7。

第6章　新疆植物功能型和生物群区

在运用生物群区化进行古植被重建的过程中，除了对于孢粉数据的扩充及严格质量控制外，如何改进植物功能型和生物群区分类体系，使其既与全国乃至全球方案更好地衔接，同时又能体现出自身的区域特色，将是今后很长时间内中国的古植被重建需要重点做好的工作。

6.1 新疆植物功能型设计

在植被-气候相互作用的研究中，植物功能型是重要的概念和方法，已经在植物群落、生态系统的复杂性和功能、古植被和古气候研究、陆面过程模型和动态全球模型中得到了广泛的应用（翁恩生，2004）。但先前的工作大多处于对植被模拟的考虑较多，没有纳入古植被重建工作中。到目前为止，以比国家更小的尺度进行植物功能型划分研究的仅见于沈泽昊和张新时（2000）以位于中国亚热带北部的大老岭地区为研究区，提出的基于植物分布的地形格局来划分植物功能型的思路。但这种划分方法由于需要的信息量大，也不适合用于古植被重建中。因此，在进行新疆植物功能型设计时，仍然主要参考的是 BIOME 6 000 项目中的植物功能型设计方案。

在运用生物群区化方法进行古植被重建的过程中，所谓的植物功能型（Plant functional types）是从出现在孢粉组合的植物中，根据它们具有的植物生活型，所选择的能代表植被在地理和生态方面的植物类型（Prentice et al.，1996）。PFTs 必须建立在已有的生态学观测特征之上，但到目前为止还没有一个大家普遍接受的 PFTs 分类。一般来说，PFTs 的划分主要依据植物的生活型（如乔木、灌木）、叶形（如针叶、阔叶）和物候（如常绿、落叶），一个地区的植物可用这些准则划分为许多 PFTs。在建立新疆植物功能型时，为了实现与 BIOME 6 000 项目所建立的全球植物功能型以及中国植物功能型更好地对接，主要参考了既有的中国植物功能型分类体系和全球植物功能型分类体系，查阅了新疆植物志、中国植物科属词典等参考文献，充分利用现有新疆植被和中国植被新疆部分等资料，并对关键地区和典型植被类型进行野外实地调查和观测，同时结合新疆孢粉鉴定的植物科属种结果来初步建立新疆植物功能型分类系统。

根据新疆植被带分布和主要植被成分特征，并根据现代孢粉地理位置和气候特征（侯学煜，1988）（以冬季 1 月平均温度作为主要衡量指标），同时考虑到孢粉学特征和孢粉鉴定的局限，设计了由 160 种主要孢粉类型构成的植物功能型（表 6-1），作为孢粉定量重建古植被的基本依据之一。

表 6-1　新疆孢粉类群的植物功能型分类体系

代码	植物功能型	主要的植物孢粉类型
c-te.d.n.t	寒温带落叶针叶乔木	落叶松
c-te.cd.b.t	寒温带落叶阔叶乔木	桦，杨，柳，榆
c-te.e.n.t	寒温带常绿针叶乔木	冷杉，云杉，松属
eu.e.n.t	广温常绿针叶乔木	柏，松，云杉
te.cd.b.t	温带落叶阔叶乔木	槭属，桦属，紫葳科，核桃属，栗属，朴属，山茱萸科，胡颓子属，大戟科，壳斗科，银杏属，胡桃属，唇形科，桑属，蝶形花科，木犀科，杨，柳，榆，无患子科，玄参科
sl.t	小叶乔木	胡颓子属，柽柳属，蝶形花科，柽柳科，驼蹄瓣属

代码	植物功能型	主要的植物孢粉类型
te.d.s.st	温带落叶小叶小乔木	锦鸡儿属，榛属，藜科，胡颓子属，蝶形花科，柽柳属，沙棘属，驼蹄瓣属，忍冬属，蔷薇科
te.d.l.st	温带落叶微叶小乔木	梭梭属，水柏枝属
eu.e.n.lhs	广温常绿针叶高低灌木	柏科
dt.d.b.lhs	耐旱落叶阔叶高低灌木	锦鸡儿属，蔷薇属，灌木蓼属
ft.lp.lhs	耐寒微叶高低灌木	假木贼属，麻黄属，水柏枝属，红砂属，柽柳属
dt.sl.lhs	耐旱小叶高低灌木	骆驼刺属，蒿属，驼绒藜属，藜科，白刺属，沙棘属，蝶形花科
dt.l.lhs	耐旱微叶高低灌木	假木贼属，麻黄属，水柏枝属，红砂属，柽柳属，沙拐枣属
cd.b.lhs	寒冷落叶阔叶高低灌木	桦属，杜鹃花科，柳属，越橘属
te.cd.b.lhs	温带寒冷落叶高低灌木	槭属，小檗科，桦属，紫葳科，榛属，锦鸡儿属，山茱萸科，枸子属，杜鹃花科，大戟科，沙棘属，忍冬属，木犀科，盐肤木属，蝶形花科，鼠李科，蔷薇属，柳属，绣线菊属，榆属，堇菜科
eux.td.b.lhs	广温耐旱落叶阔叶高低灌木	蒿属，茜草科，灌木蓼属，岩黄耆属，蝶形花科，鼠李科，铃铛刺属
ar.cd.b.eds	高寒落叶阔叶直立矮灌木	桦属，锦鸡儿属，沙棘属，蔷薇属，柳属，樱桃属
ar.e.b.eds	高寒常绿阔叶直立矮灌木	沙冬青属
dt.sl.eds	耐旱小叶直立矮灌木	假木贼属，蒿属，石竹科，灌木蓼属，驼蹄瓣属
ar.cd.b.pds	高寒落叶阔叶匍匐矮灌木	驼绒藜属，蔷薇属，柳属
ar.e.n.pds	高寒常绿针叶匍匐矮灌木	刺柏属，圆柏属
sl.pds	小叶匍匐矮灌木	驼绒藜属，蔷薇属，柳属，铁线莲属，菊科，石竹科，忍冬属，枸子属，麻黄属，灌木蓼属
cs	垫状灌木	驼绒藜属，彩花属

代码	植物功能型	主要的植物孢粉类型
te-dt.b.ss	温带耐旱阔叶亚灌木	滨藜属，甘草属，唇形科，补血草属，灌木蓼属，报春花科，越橘属
te-dt.s.ss	温带耐旱小叶亚灌木	罗布麻属，蒿属，黄耆属，骆驼蓬属，驼绒藜属，藜属，柽柳属
te-dt.l.ss	温带耐旱微叶亚灌木	假木贼属，沙拐枣属，麻黄属，红砂属
te-dt.su.ss	温带耐旱多汁亚灌木	假木贼属，盐爪爪属，戈壁藜属，合头草属，盐节木属，盐穗木属
te-dt.cu.ss	温带耐旱垫状亚灌木	小蓬属
te-dt.lv	温带耐旱藤蔓植物	五加科，胡颓子科，豆科，蓼科，蔷薇科，鹅绒藤属
te-di.lv	温带不耐旱藤蔓植物	紫葳科，铁线莲属，菊科，豆科，忍冬属，木犀科，毛茛科，鼠李科，蔷薇科，唐松草属
te-dt.c	温带耐旱攀缘植物	铁线莲属，菟丝子属，鼠李科，蔷薇科
te-di.c	温带不耐旱攀缘植物	苋科，桔梗科，铁线莲属，菟丝子属，葎草属，豆科，百合科，蓼科，茜草科
ar.fb	高寒草	点地梅属，蒿属，桔梗科，老鹳草属，石竹科，菊科，十字花科，石竹属，龙胆属，龙胆科，鸢尾属，唇形科，千屈菜属，豆科，马先蒿属，红景天属，蓼科，委陵菜属，唐松草属，毛茛科，虎耳草科，伞形科，玄参科，报春花科，繁缕属
c-te.di.fb	寒温带不耐旱草	石竹科，车前属
te-dt.fb	温带耐旱草	苋科，紫菀属，蒿属，黄耆属，桔梗科，石竹科，菊科，十字花科，石竹属，大戟科，龙胆属，老鹳草属，鸢尾属，唇形科，亚麻科，豆科，蓼科，蔷薇科，唐松草属，伞形科，蒺藜科
te-di.fb	温带不耐旱草	苋科，点地梅属，楼斗菜属，天南星科，紫菀属，五加科，牛蒡属，蒿属，黄耆属，小檗属，桔梗科，石竹科，藜科，藜属，露珠草属，铁线莲属，菊科，山茱萸科，十字花科，鸢尾属，唇形科，豆科，百合科，蓼科，毛茛科，虎耳草科，唐松草属，伞形科，蒺藜科

代码	植物功能型	主要的植物孢粉类型
eu-dt.fb	广温耐旱草	葱属，滨藜属
rcf	垫状草	石竹科，菊科，豆科，红景天属，蝶形花科，虎耳草科
g	草原禾草	禾本科
s	沼泽禾草	苔草属，莎草科
geo	地下芽植物	葱属，天南星科，莎草科，百合科，鸢尾属，苔草属，瓦韦属，瓶尔小草属，紫萁属，泽泻属，水龙骨科，凤尾蕨属，瘤足蕨科，红景天属，莎草蕨科，中国蕨科，黑三棱科，香蒲属
ssuc	茎多汁肉质	藜科，铃铛刺属，盐节木属，梭梭属，盐穗木属，盐爪爪属
lsuc	叶多汁肉质	戈壁藜属，红景天属，假木贼属，白刺属，红砂属，驼蹄瓣属，合头草属
ha	盐土植物	藜科，罗布麻属，柽柳属，角果藜属，铃铛刺属，盐节木属，盐穗木属，梭梭属，红砂属，小蓬属，假木贼属，驼绒藜属，碱蓬属，猪毛菜属，滨藜属
hy	水生植物	泽泻属，木贼属，狐尾藻属，蓼科，香蒲属，毛茛科，黑三菱科
ar.f	北方蕨类植物	蹄盖蕨属，岩蕨科
eu.f	广温蕨类植物	铁线蕨属，蹄盖蕨属，骨碎补科，碗蕨科，鳞毛蕨属，木贼属，真蕨类，瓦韦属，紫萁属，箭蕨科，水龙骨科，凤尾蕨属
wpa	木本寄生植物	菟丝子属
epi	附生植物	石松科，水龙骨科，兰科，地衣

　　表 6-1 即是通过对新疆的现代植被类型以及孢粉类群特征进行分析的基础上初步设计而成。与中国植物功能型体系（倪健，2001）相比，比较大的一个变化就是增加了小乔木和半灌木两种类型，对

新疆的灌木类型做了稍进一步的细分。同时，删除了热带和暖温带等新疆不存在的气候带类型以及藤本植物、攀缘植物、树根寄生植物以及树蕨等不存在或极少存在的植物功能型。另外，考虑到新疆的植物较为缺少硬叶种类，对于中国植物功能型中设计的硬叶和柔叶等特征也予以剔除。其他多种植物功能型则没有较大的变化，基本沿用了中国植物功能型模式。这只是对于新疆植物功能型设计的初步探索，以后随着孢粉研究的深入和鉴定技术的提高，还需要做更多更深入的探讨和分析。

在新疆森林建群植物的孢粉鉴定中常见的针叶树种云杉属（*Picea*）、落叶松（*Larix*）以孢粉组合中具有较高的百分比常出现在天山和阿尔泰山的针叶林中。因此，设计了云杉属、冷杉属（*Abies*）为北方常绿针叶乔木和温带常绿针叶乔木的复合类型的植物功能型；落叶松属为北方落叶针叶乔木类植物功能型。而松属（*Pinus*）、柏科（*Cupressaceae*）和刺柏属（*Juniperus*）由于种类繁多且生态幅比较宽，所以设计为广温常绿针叶乔木类植物功能型。除了这些常见的寒性针叶树种外，常绿针叶树种罗汉松属（*Podocarpus*）、雪松属（*Ceerus*）、铁杉属（*Tsuga*）等设计为温带常绿针叶乔木植物功能型。孢粉中见到的一些落叶阔叶树，例如榆属（*Ulmus*）、杨属（*Populus*）、桦属（*Betula*）、柳属（*Salix*）、桤木属（*Alnus*）、椴属（*Tilia*）、鹅耳枥属（*Carpinus*）、榛属（*Corylus*）等树种具有适应较温凉气候的习性。它们的大量出现主要在温带并达到寒温带落叶阔叶林中（张桂华等，1996；周昆叔等，1984）），将它们设计为"北方寒冷落叶阔叶乔木"和"温带寒冷落叶阔叶乔木"植物功能型。

在新疆这样的西北干旱区，荒漠、荒漠草原和草原等植被类型是区域植被的最主要组成部分，其中小乔木、灌木、半灌木和小（矮）灌木及草本植物孢粉占很大优势（李文漪，1998）。在参考全球植物功能型和中国植物功能型时发现这两种模式都主要侧重于对乔木类植物功能型的划分，对于灌木类和草本类的划分稍显薄弱，这与新疆植被以荒漠、荒漠草原和草原为主的实际情况不是很相符。因此，本文在设计新疆植物功能型时，既考虑到新疆植物类型的特征，同时也考虑到孢粉鉴定的局限，仅在灌木类中增加了温带落叶小叶小乔木、温带落叶微叶小乔木以及各种叶型的半灌木等植物功能型，同时摒弃了在新疆较少出现的一些藤本和攀缘类植物功能型。其他功能型植物尤其是在新疆草原、荒漠草原和草甸等生物群区类型中占重要地位的草本植物的功能型设计仍显得过于简单，这主要是由于孢粉鉴定的局限性造成的。草本孢粉主要沿用了中国植物功能型的划分模式，统一设计为"不耐旱杂类草"和"耐寒杂类草"两种植物功能型，如菊科、十字花科、百合科、伞形科、毛茛科、茜草科、唇形科等。将草本类孢粉中的禾本科和莎草科各自作为一种植物功能型设计。

目前，在孢粉或植物大化石的鉴定上始终存在一个普遍的问题，那就是所鉴定的分类群通常不是种，而是属，对大部分非母本分类群而言甚至是整个科。因此，如果所鉴定的分类群中所有植物种都属于同一个 PFT，那么并不会产生什么问题。但如果一个分类群中的植物种分属于不同的 PFT 时，就会出现如何划分的问题。例如，桦属（Betula）包括北方落叶乔木和极地高寒灌木，可是由于鉴定的困难，孢粉学家难以区分这种差别，在某种程度上不得不根据经验对待之。新疆目前鉴定出来的许多科属孢粉类群就包含了不同生态幅的植物属种，从属于不同的PFTs，尤其是像藜科、蒿属、蓼科、蓼属等含有种类成分较多的科属植物。考虑到孢粉鉴定的局限性以及这些科所含种属的多样性，本文把它们设计成相应的复合型植物功能型。

6.2 生物群区类型设计

生物群区则根据已知的植物地理和植物气候特征，由不同的植物功能型组合构成（于革，1998）。在这个组合过程中，一种孢粉可以参与多种植物功能型；一种植物功能型也可以参与不同的生物群区。生物群区是研究全球变化的基本生物学单位。生物群区与现代植被研究中的植被类型有密切的联系，很多类型的定义是等价的，但不是相同的概念。植被类型可多级划分，且定义较模糊；而生物群区是一个完整的单元，一般不做分级划分。此外，生物群区是由一套严格量化的生物气候指标界定的，因此，就有利于与相关模型进行耦合，进行古气候分析。生物群区模型（倪健，2002）提供了一种将气候模型（如大气环流模型，AGCM）实验结构转化成潜在自然植被分布的方法，这种方法也可用来模拟 CO_2 诱导的全球变暖引起的长期植被变化和检验过去全球气候变化图景下的生物圈变化。

确定各个孢粉样品点的植被类型主要是在中国一级植被分布的背景下，依据 1978 年版的《新疆植被及其利用》、《新疆植被类型图》和"新疆植物功能型"等资料拟定。新疆植被图采用了 20 种植被类型作为制图单位：森林包括山地针叶林和落叶阔叶林；灌丛包括山地灌丛和杜加依灌丛；荒漠包括蒿类荒漠、盐柴类荒漠、灌木半灌木荒漠、梭梭荒漠和多汁盐柴类荒漠；草原包括荒漠草原、真草原、高寒草原和草甸草原；草甸和沼泽包括高山草甸与芜原、亚高山山地草甸、河漫滩草甸与沼泽草甸、盐化草甸及草类沼泽；高山冻原座垫植被与高寒荒漠；灌溉绿洲和耕地。

在拟定新疆生物群区类型的过程中，由于新疆处于单一的温带气候带，本文没有再进一步划分温带、寒带等气候带；由于目前孢粉鉴定的局限性将山地灌丛和杜加依灌丛合并为灌丛；将蒿类荒漠、梭梭荒漠等涉及具体的种属的名称进行转换，对应设计为耐旱灌木/半灌木荒漠以及多汁盐柴类荒漠等生物群区类型；草原也考虑到孢粉分析的难度仅设计为荒漠草原和草甸两种生物群区类型；对利用孢粉难以区分的某些草甸和草原类型也进行了调整，草甸仅包括高山/亚高山草甸和低地草甸两种生物群区类型，希望通过山地草甸成分和低地盐化草甸成分来加以区分；高山冻原座垫植被和高寒荒漠也由于利用孢粉区分非常困难而并为冻原一种生物群区类型，希望以具高山植被成分来加以区分；由于主要以自然地带性植被为模拟基础，本文没有采用灌溉绿洲和耕地等农业植被类型，但沿用了中国生物群区类型（Ni et al. 2002）中的非地带性生物群区类型沼泽和水生植被，主要是考虑到在孢粉工作中大多数的采样点都处于类似的隐域性环境，某些植被恢复的结果除了反映周围的显域环境外，在一定程度上也能反映这样的隐域环境。

另外，在生物群区设计时同样出现了同样的植物功能型从属于不同的生物群区的现象，这是能符合现代植被中生物群区的组成状况的。因为每种生物群区不是由某种建群植物单一地组成，而是由不同的植物功能型组合而成的。这样，通过对孢粉鉴定局限性和新疆植物功能型的综合考虑，将植被图中的 20 种植被类型对应到孢粉植被化模拟的 13 种生物群区类型（表 6-2）。

表 6-2　生物群区的植物功能型组成表

代码	生物群区	主要的植物功能型
EVNF	常绿针叶林	寒温带常绿针叶乔木，广温常绿针叶乔木，温带常绿针叶乔木，寒温带落叶针叶乔木，寒温带寒冷落叶阔叶乔木，广温常绿针叶高低灌木
NBMX	针阔混合林	寒温带常绿针叶乔木，温带常绿针叶乔木，广温常绿针叶乔木，寒温带落叶针叶乔木，寒温带寒冷落叶阔叶乔木，寒冷落叶阔叶乔木，广温常绿针叶高低灌木
DEBF	落叶阔叶林	广温常绿针叶乔木，温带寒冷落叶阔叶乔木，耐旱落叶阔叶高低灌木，温带寒冷落叶阔叶高低灌木
DENF	落叶针叶林	北方落叶针叶乔木，北方常绿针叶乔木，寒温带常绿针叶乔木，温带常绿针叶乔木，北方寒冷落叶阔叶乔木
SHRU	灌木	小叶小乔木，耐旱落叶阔叶高低灌木，耐旱小叶高低灌木，不耐旱小叶高低灌木，寒冷落叶阔叶高低灌木
STEP	草原	不耐旱小叶高低灌木，温带寒冷落叶阔叶高低灌木，温带耐旱阔叶亚灌木，寒温带不耐旱草，温带不耐旱草，广温耐旱草，草原禾草

代码	生物群区	主要的植物功能型
DEST	荒漠草原	耐旱小叶高低灌木，广温耐旱落叶阔叶高低灌木，耐旱小叶直立矮灌木，温带耐旱阔叶亚灌木，温带耐旱小叶亚灌木，温带耐旱多汁亚灌木，温带耐旱垫状亚灌木，温带耐旱草，广温耐旱草，草原禾草，地下芽植物
DSDE	耐旱灌木和亚灌木荒漠	温带落叶微叶小乔木，温带落叶小叶小乔木，耐寒微叶高低灌木，耐旱落叶阔叶高低灌木，耐旱微叶高低灌木，耐旱小叶高低灌木，寒冷落叶阔叶高低灌木，广温耐旱落叶阔叶高低灌木，耐旱小叶直立矮灌木，温带耐旱阔叶亚灌木，温带耐旱小叶亚灌木，温带耐旱微叶亚灌木，垫状灌木
SSDE	多汁盐柴类灌木半灌木荒漠	广温耐旱落叶阔叶高低灌木，温带耐旱多汁亚灌木，盐土植物，茎多汁肉质，叶多汁肉质
MOME	山地草甸	高寒草，寒温带不耐旱草，温带不耐旱草，垫状草，草原禾草，沼泽禾草，北方蕨类
PLME	平原草甸	温带不耐旱草，盐土植物，水生植物，广温耐旱草，草原禾草
SWAQ	沼泽和湿地	水生植物，草原禾草，沼泽禾草
TUND	冻原	北方蕨类，高寒常绿阔叶直立矮灌木，高寒落叶阔叶直立矮灌木，沼泽禾草，蕨类

第 7 章　新疆表土孢粉重建的生物群区

　　能否正确地利用孢粉资料解释环境、恢复古植被与古气候，在很大程度上取决于孢粉资料的准确性。不同的孢粉种类既有产量大小的差异，也有保存难易的区别，从而产生了孢粉的代表性问题，即组合中的孢粉数量和百分比、浓度、沉积率比例不一定与实际植被中该植物的数量和比例完全一致，而通过研究表土孢粉谱与大气孢粉雨，弄清孢粉与植被的对应关系是解决这一问题的关键方法之一。因此，现代孢粉谱和表土孢粉组合的研究已普遍受到重视，探讨表土孢粉与现代植被之间的转化关系，对于准确恢复古植被和古气候有着重要意义。

　　现代表土孢粉是研究古植物区系、古植物种属、解释和重建古植物群落和古植被、探讨古生态和古气候变化的基础，也是植被模拟和气候模拟的验证手段。现代表土孢粉是研究古植物区系、古植物种属、解释和重建古植物群落和古植被、探讨古生态和古气候变化的基础，也是植被模拟和气候模拟的验证手段。只有对现代植被与表土孢粉的关系进行深入研究，才能将化石孢粉重建古植被的误差尽量减小。本章将着重利用生物群区化技术模拟新疆表土孢粉与现代植被的定量关系。

7.1 表土孢粉与植被重建研究

　　表土孢粉与植被关系的研究，一直受到世界各国孢粉学家的关注。前苏联一些孢粉学家所做的表土孢粉谱与现代植被关系的研究

（王开发等，1983），至今仍有重要价值。Carloine 和 Patrica（2001）对约旦中部现代孢粉雨与植被的关系研究得出，约旦雷伏特（Rift）地区在海拔 1 700～300m 范围内，现代孢粉雨能够反映出主要的植被带，特别是植被类型可以以孢粉谱来划分，高含量的蒿属孢粉代表较湿润的高海拔地区生长的以蒿属为主的干草原，相反，高含量的藜科孢粉代表了低海拔地区的荒漠。

　　我国学者对东北（童国榜等，1996b；孙湘君等，1988；李宜垠等，2000）、华北（姚祖驹，1989；于澎涛等，1997）、西北（阎顺，1993；阎顺等，1996）、青藏高原（吕厚远等，2001）以及华东（李文漪，1985；于革等，1995）、华中（李文漪，1991；刘会平等，1998；2001a；2001b）和华南（吴玉书等，1987；1989）等地区也进行了表土孢粉与植被关系的研究，尽管这些研究所采集的表土孢粉样品点基本覆盖了全国的主要生态类型区，但是样品点分布很不均衡，西部较少，东部较多，甚至局部样品点非常密集。中国第四纪孢粉数据库工作小组自 1995 年建立以来，已在全国收集到696 个现代表土孢粉样点（倪健，2000），样点既注意到垂直带也注意到水平地带，而且往往和古植被、古气候研究地点同步进行，取得了明显的进展。中国第四纪孢粉数据库小组应用 641 个样点的表土孢粉资料，利用孢粉生物群区方法，建立了具有 686 个孢粉类群、31 个植物功能型和 14 种生物群区的孢粉生物群区化模型，经检验，该模型在模拟中国生物群区、生物群区垂直分异和水平梯度分析方面均取得理想结果，为重建地质历史时期的古生物群区和古气候分析提供了客观、准确的模型工具（中国第四纪孢粉数据库小组，2001；Yu et al.，2000）。

　　由此可以看出，现代孢粉雨和表土孢粉谱研究对正确解释孢粉资料、定量恢复古植被和重建古气候起着关键作用，国内外孢粉学界对此已有足够认识，近年来正大力开展和深入进行现代表层孢粉在沉积物中的分布以及与气候因子和植被之间关系的研究。

7.2 新疆表土生物群区的水平梯度模拟

7.2.1 模拟结果

　　表土孢粉模拟的主要目的就是为了对生物群区化方法在本区域应用的情况做一个检验，从而对新疆植物功能型和新疆生物群区类型设计进行适当的调整，以便为了更好地对地层孢粉进行模拟。进行了数十次的 Biomisation 程序运行以及功能型和生物群区的对应调整后，得到了如下的模拟结果（图 7-1）。

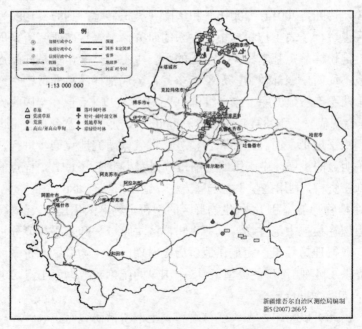

图 7-1　新疆表土孢粉重建的生物群区

　　在图 7-1 中，显示了每个表土样品点的模拟结果。我们设计的 13 种生物群区类型中有 8 种生物群区被模拟出来。它们分别是常绿针叶林、针叶-阔叶混交林、落叶阔叶林、草原、荒漠草原、耐旱灌木/半灌木荒漠草原、山地（高山/亚高山）草甸和低地草甸。灌丛、多汁盐柴类荒漠、沼泽和水生植被以及冻原四种生物群区没有被模拟出来，这可能主要是由于灌丛、沼泽和水生植被在新疆仅在小范围内出现，不能形成地带性植被，还由于在灌丛地区没有采集表土样品；多汁盐柴类荒漠地区也许采集了样品，但由于主要以典型荒漠做了记录，没有明确区分出多汁盐柴类荒漠，所以基本都划在了灌木/半灌木荒漠之中了。此外，冻原这种高山植被类型在新疆阿尔泰山西北部海拔 3 000m 以上是典型的植被类型，但由于没有表土样品，因此也未能模拟出来。

这些表土样品基本覆盖了新疆的主要生态类型区，模拟结果较理想，但是从图中可以看出，样点分布极不均衡。新疆有效表土样品采集的主要区域有：阿勒泰地区，包括阿尔泰山南坡和平原区；柴窝堡区，包括天山北坡和平原区；乌鲁木齐河源区，包括中天山北坡中、高山带；昆仑山天池区，包括东天山北坡从平原到中、高山带；天山南坡等。在广大的南疆、东疆和伊犁、塔城等地区，表土样品几乎是空白状态。在北疆样品较多，尤其是在阿尔泰山和天山段有大量的样品点存在，可以用于反映海拔高差的变化，如在东天山北坡，共有 75 个样品均在同一山体，海拔跨度从 460m 到 3 510m，共模拟出 6 种生物群区，从低海拔到高海拔依次是典型荒漠、荒漠草原、草原、常绿针叶林、针叶-阔叶混交林和山地草甸。

7.2.2　模拟结果分析

为了更好地对表土孢粉的模拟结果进行分析，以便确认应用其进行地层孢粉模拟的可行性，对照表土孢粉数据提供时的样点现代植被记录（图 7-2）背景信息，对所有孢粉样品的生物群区化模拟结果进行误差分析（表 7-1）。

从表 7-1 可以看出，该模拟结果的总准确率为 74.5%，总体较为理想。其中常绿针叶林、落叶阔叶林以及低地草甸的模拟结果准确率均达到 100%；针-阔混交林和高山/亚高山草甸的模拟准确率也接近 90%；灌木/半灌木荒漠的模拟准确率为 74%；草原的模拟准确率为 62%，稍微偏低；荒漠草原的模拟准确率是最低的，为 56%，还应该对草原和荒漠草原这两种植物功能型和生物群区进行进一步的调整。尽管总体结果比较好，但为了对今后的工作有更好的指示意义，这里重点就其中出现的误差方面进行一定分析，便于进一步的完善和修改。

表 7-1　表土孢粉生物群区化的误差分析

74.5%	常绿针叶林	针阔混合林	落叶阔叶林	落叶针叶林	灌木	草原	荒漠草原	灌木荒漠	多汁盐柴类灌木荒漠	山地草甸	平原草甸	沼泽湿地	冻原	模拟生物群区	模拟准确率/%
常绿针叶林	9													9	100
针阔混合林	1	8												9	89
落叶阔叶林			1											1	100
落叶针叶林														0	—
灌木														0	—
草原	6		2			18	1			2				29	62
荒漠草原						7	20	5		1	3			36	56
灌木荒漠							2	8	53	5	4			72	74
多汁盐柴灌木荒漠														0	—
山地草甸	1		1			2				38				42	90
平原草甸											2			2	100
沼泽湿地														0	—
冻原														0	—
现状植被	17	8	4	0	0	29	29	58	0	46	9	0	0	200	0

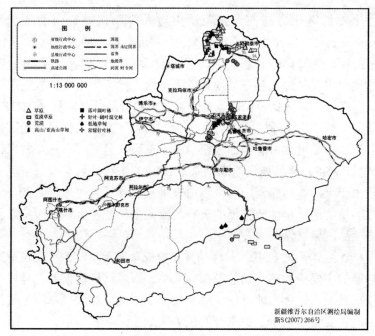

图 7-2　新疆表土孢粉采样点的现代植被

草原带和荒漠草原带的模拟准确率相对偏低，其中部分原因归因于 Biomisation 方法是从欧洲区发展形成的全球性方法，从温带至寒温带，森林类型划分相当细致，在新疆这些类型显得比较单一，主要就是常绿针叶林、针叶-阔叶混交林两种生物群区，这种划分虽显简单，但在模拟过程中表现较为稳定，准确率很高。

非森林生物群区类型中的草原、荒漠等在全球性模型中划分较粗的生物群区类型，在新疆占据主导地位，尤其是荒漠草原类型在新疆第四纪孢粉研究中作为一种新类型已经能够用 *A/C*（*Artemisia/Chenopodiaceae*）比值与荒漠类型加以区分，我们在全球生物群区划分和中国生物群区划分的基础上，考虑新疆的实际情况，增加了荒漠草原和多汁盐柴类等生物群区类型。但过细的划分给生物群区的界定带来一定的困难，因而在模拟过程中表现得较为敏感，准确率相对偏低。

生物群区化方法在一定范围内对人为干扰有一定的抗扰性（Prentice et al.，1996），但对新疆来说，绿洲与河流的存在相依相伴，新疆的温带落叶阔叶林基本上就是平原河谷林的代名词。阔叶林存在的地方也就是绿洲存在的地方，不可避免地有大范围的农业干扰区域，在生物群区化模拟时也就难以避免温带落叶阔叶林（DEBF）和草原（STEP）两种生物群区的误差，降低了草原类型模拟的准确率，有 2 个落叶阔叶林样品被模拟成了草原。另外，有 6 个常绿针叶林（EVNF）样品被模拟成草原（STEP）生物群区类型，可能主要是由于天山、阿尔泰山等区域植被垂直差异较大，地形复杂，低海拔的植物孢粉可能随强烈的上升气流向上传播，因而"污染"了一些样品，导致模拟偏差。

1 个荒漠草原（DEST）样品被模拟成草原类型，由于荒漠草原和草原的主要优势植物功能型都是禾草，造成这样的偏差，是属于比较正常的。2 个山地草甸（MOME）类型被模拟成了草原类型，这可能主要跟山地草原中主要的优势类型为禾草和莎草有关，因为这两种植物功能型也正是山地草甸的优势类型。在模拟出的荒漠草原生物群区类型中，有 7 个草原类型和 5 个荒漠（DSDE）类型被模拟到了荒漠草原类型中，这跟荒漠草原本身处于荒漠到草原过渡带的空间分布有很大的关系，出现这样的模拟偏差也属技术方法可以允许的误差。3 个低地草甸（PLME）生物群区类型被模拟到了荒漠草原类型中，这可能主要因为低地草甸本身的地带性不是很强，而其中的禾草和耐旱杂类草等成分与荒漠草原有很大的相似性，而且由于孢粉的传输和保存等因素的影响，低地草甸的孢粉中可能鉴定出较多邻近荒漠传输来的灌木孢粉，在生物群区模拟时，模型自动识别成了荒漠草原生物群区类型。

2 个草原类型的样品、8 个荒漠草原类型的样品被模拟到荒漠生物群区类型中，可能主要是由于非山地草原和旱化程度较重的荒漠草原，其耐旱灌木成分相对偏多，使得鉴定出的孢粉中耐旱成分以及灌木成分占了绝对优势，从而进入荒漠生物群区类型。在李文漪（1998）对新疆干旱区孢粉谱主要特征的研究中，表明荒漠植被、荒漠草原植被和草原植被的主要优势植物功能型基本上都为灌木、半灌木和草本植物孢粉。其中荒漠植被的灌木、半灌木、小灌木及草本植物的孢粉占 95%左右，藜科占绝对优势，C/A 比值为 2～4；荒漠草原植被的灌木、半灌木、小灌木及草本植物孢粉仍然为主，A/C 比值为 1，或略大于 1；草原植被的灌木和草本孢粉占优势，有较多的不耐旱杂类草孢粉。这种对表土孢粉数量较为细致的分析，在运用生物群区化方法进行古植被重建时，其界定本身就存在一定的难度。

5 个山地草甸类型和 4 个低地草甸类型被模拟到荒漠生物群区类型中，这 5 个被模拟成荒漠的山地草甸主要出现在天山冰川等高山冻原、高山倒石堆以及高山流石等高山植被带，其孢粉种类稀少，具有干燥的条件且多为一些灌木成分，从而造成了这样的模拟偏差。1 个常绿针叶林、1 个落叶阔叶林和 2 个草原类型被模拟到山地草甸生物群区类型中，这估计跟张芸等（2004）对云杉等孢粉受山谷风影响而形成孢粉雨传输现象等讨论有相似之处，同时在高海拔地段由于植被稀疏，外来孢粉的影响也就显得更大一些。

造成模拟偏差的原因是多方面的，包括 Biomisation 本身对各种参数的设定、植物功能型的设计、生物群区的设计以及孢粉鉴定等，不可能完全避免。我们对新疆表土孢粉模拟的总准确率是 74.5%（0.745）。根据模型与植被比较标准，Monserud 认为，低于 0.4 认为差或者很差，0.40～0.55：可接受；0.55～0.70：好；0.70～0.85：非常好；大于 0.85 被认为是极好（1990）。参考这个标准，对新疆表土孢粉进行的生物群区化模拟框架还是较为理想的。

7.3　新疆表土生物群区的垂直梯度分析

从图 7-1 看出，新疆表土孢粉生物群区化在水平梯度上表现是较为理想的，但难以表达出垂直带上生物群区类型的差异，也难以检验生物群区化方法在分析生物群区垂直分异上的作用。为此，我们选择采样点较为连续和集中的天山南坡和古尔班通古特沙漠-中天山北坡的表土孢粉样品作生物群区的垂直带分析（图 7-3a，b）。

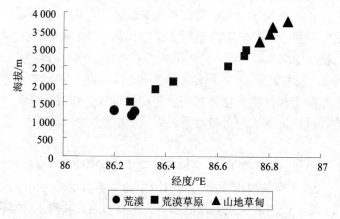

图 7-3a　天山南坡生物群区的垂直梯度分析

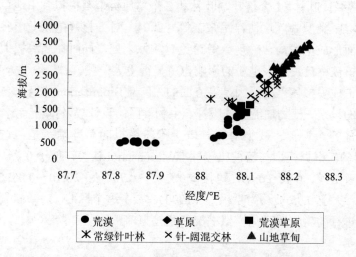

图 7-3b　古尔班通古特沙漠-天山北坡生物群区的垂直梯度分析

　　天山南坡表土孢粉样品的工作区位于天山南坡、乌库公路冰达坂至和静段两旁 10km 范围内，分布于 86.20°～86.87°E，42.43°～43.12°N，海拔 1 260～3 750 m，共 13 个样品。这里由于山地海拔的变化和大气中温度垂直递减规律的影响，形成了植被的垂直分带。

受干旱气候的影响，植被垂直带中缺失森林带和亚高山草甸带，而旱生的荒漠带和草原带类型十分发育，荒漠带在这里上升到海拔约1 600m，其上限直接和高山草甸带相衔接。天山南坡表土孢粉模拟出的生物群区分布为荒漠分布在海拔 1 140～1 500m；荒漠草原分布在 1 500～2 960m，仅在 2 080m 处为荒漠，这主要是各种原因的模拟偏差所致；从 3 000m 以上即为山地草甸（图 7-3a）。模拟中缺失了天山南坡现代植被中分布在 2 100～2 800m 的草原带，都被模拟到了荒漠草原带，存在着一定的误差。但总体上来看，该生物群区化方法在天山南坡表土孢粉的模拟中还是可以较为客观地反映出该区域植被带的垂直分异的。

古尔班通古特沙漠-天山表土孢粉的样品工作区垂直跨度很大，从海拔 460m 的典型沙漠南缘区到海拔 3 510m 的天山北坡高山垫状植被区。古尔班通古特沙漠位于新疆北部准噶尔盆地腹心，范围为北纬 44.18°～46.33°N，东经 84.52°～90.00°E，面积 $4.88 \times 10^4 km^2$，是我国最大的固定和半固定沙漠，其周围还零星分布有许多面积大小不等的沙漠或沙地。其南缘区与天山的冲积、洪积扇缘相接，构成了天山北坡至盆地自然垂直带的基带。从图 7-3b 可以看出，海拔 1 300m 以下分布着荒漠植被；荒漠草原植被主要在海拔 1 300～1 500m 一个较窄的带上过渡分布；从 1 500～1 700m 主要分布着草原和荒漠草原，在 1 700m 以上也还有草原分布，但只是零星的森林草原、高寒草原或草甸草原等分布；从 1 700～2 600m 主要分布着常绿针叶林和针叶-阔叶混交林；2 600m 以上则主要分布着山地草甸植被，包括亚高山草甸和高山草甸植被。该结果与该区现代植被相比，差异不是很大，具有一定的吻合性和代表性。

7.4 新疆表土生物群区的模拟检验结果

经过生物群区化方法在新疆表土孢粉水平样带的模拟表明模拟结果与现代生物群区分布有较理想的吻合，并且在对天山南坡和古尔班通古特沙漠—天山两个山地垂直带孢粉模拟与现代植被的比较也获得了理想结果，看出新疆表土孢粉的生物群区化在垂直尺度上也具有可行性。证明该表土孢粉的生物群区化模型还是较可靠的，该模型可以用于重建新疆区域内过去地质历史时期关键时间段的古生物群区和进行生物群区的时空动态定量重建分析，为我们重建新疆全新世以来的古植被奠定了良好的基础。

第8章 全新世以来新疆古植被的动态重建

作为我国西部的主体部分，新疆维吾尔自治区在西部大开发和西部环境保护中具有特殊和重要的地位与作用，又由于其干旱生态环境的脆弱性和绿洲在区域发展中的重要作用，保障新疆的生态安全具有非常重要的意义，这就必须掌握现代环境的特点、过去环境的演变规律以及未来环境的发展趋势。而古植被动态演变规律和古气候特征的定量重建，是过去生态与环境演变规律研究的两个主要组成部分，在其中发挥着至关重要的作用。因此，从不同的时间和空间尺度上研究新疆地区历史时期，特别是全新世（约距今 11 000年，^{14}C 测年）以来的古植被动态演变及其反映的古气候特征，对于我们掌握西部环境系统的演变规律，如西部环境宏观格局形成的时间、原因和机制，不同时空尺度上的演化过程和驱动因素，西部环境时空演化过程中的植被与气候相互作用以及环境与人类活动的相互作用等，同时把握在全球变化的背景下西部环境系统的变化趋势，就显得极其必要和具有重要的研究意义。

8.1 全新世各时段重建的生物群区

依托初步建设的新疆全新世孢粉数据库资料，根据有效样品在不同时段采集的情况，共选择了 500aBP、1 000aBP、1 500aBP、2 000aBP、2 500aBP、3 000aBP、4 000aBP、5 000aBP、6 000aBP、7 000aBP、8 000aBP、9 000aBP、10 000aBP 和 11 000aBP 14 个时间点在不同样点所采集的样品作为重建全新世植被的数据基础，从而也就在时间上形成了相对连续的序列，希望在一定程度上能反映出新疆全新世以来生物群区在空间上的变化，同时也反映出各个单点的生物群区在时间序列上的变化。

表 8-1 对 14 个时段各样点所重建的生物群区情况进行了汇总，以期对全新世以来新疆有孢粉采集点的古植被重建情况做一个较为全面的了解。

从时间的分布来看，跨越整个全新世阶段各特殊时段都有样品的样点不多，只有玛纳斯湖剖面一个样点在 14 个时段都有样品；博斯腾湖剖面、柴窝堡湖剖面、大罗坝剖面、阜康剖面、乌伦古湖剖面、小尤尔都斯盆地剖面和英吉沙乌治剖面等 8 个样点的样品采集跨度也基本实现整个全新世的跨越，但有少量的空缺；采集样品主要集中在全新世早期的样点包括艾比湖 AAZ 剖面、阿奇克库勒湖钻孔、和田达玛沟剖面、坎苏剖面、吐鲁番五道林剖面以及罗布泊 K1 井等；艾比湖 ASH 孔、大西沟剖面、东河坝剖面、桦树窝子剖面、可可苏剖面、尼雅剖面、塔格勒剖面以及巴里坤湖剖面 8 个样点都集中采集了全新世早期样品；跨越了早全新世至中全新世的样点主要有东道海子剖面和小西沟剖面；集中在全新世中期的样点仅有红五月桥剖面、艾比湖西南剖面和约特干剖面。在各样点不同时间采集样品的差异基本上不会影响对整个全新世植被的动态重建，可以反映出一个相对连续的植被变化过程。

从模拟的结果看，共重建出 7 种生物群区类型：荒漠草原（DEST）、灌木荒漠（DSDE）、平原草甸（PLME）、草原（STEP）、针阔混合林（NBMX）、山地草甸（MOME）和常绿针叶林（EVNF）。大多数平原地区剖面重建的植被多以荒漠、荒漠草原或者草原交替或者连续出现，其中尤以荒漠和荒漠草原居主要地位；只有大罗坝剖面、大西沟剖面、红五月桥剖面和小尤尔都斯盆地剖面等几个海拔较高的山地剖面重建的植被多以山地草甸、草原或者森林等交替或者连续出现。基本上反映了山地和平原各自的植被分布特征。对于新疆这样一个典型区域，全新世古植被重建过程中所反映出来的环境、气候等变化对于整个西北地区乃至全球的环境变化都有一定

表 8-1　全新世各时段新疆重建的生物群区

时间\样点	500a	1 000a	1 500a	2 000a	2 500a	3 000a	4 000a	5 000a	6 000a	7 000a	8 000a	9 000a	10ka	11ka
艾比湖 AAZ			PLME			DEST	DEST	DEST	DEST	DEST	DEST	DSDE	DSDE	STEP
艾比湖 ASH	DEST	PLME	PLME	DEST							STEP		STEP	DEST
阿奇克库	PLME	PLME		DEST										
博斯腾湖	DEST	DEST	DEST	DSDE		DSDE	DEST	DEST	DEST	DEST	DSDE	DSDE	DSDE	
柴窝堡湖	DSDE	DSDE	DSDE	DSDE		DEST	DEST	DEST	DEST	DEST		DSDE	DEST	
大罗坝	MOME	MOME	MOME	MOME	MOME	MOME	MOME	MOME	MOME	EVNF		STEP	STEP	STEP
达坂沟	MOME	MOME	MOME	MOME	MOME			DEST	DEST	DSDE	DSDE	DSDE	DSDE	DSDE
大西沟	MOME	MOME	MOME	MOME	MOME	MOME	MOME	DEST					DSDE	DSDE
东道海子	DSDE	DSDE	DSDE	DSDE	DEST	DSDE	DSDE	DSDE	DSDE	DSDE				
东河坝	DSDE	DEST	DEST	STEP										
北沙窝	DEST			STEP	DSDE		DSDE	DSDE	DSDE	DSDE		DSDE	DSDE	DSDE
红五月桥							MOME	MOME	STEP	EVNF				
桦树窝子	DEST	DEST	STEP	STEP				STEP		DEST		DEST		
玖苏	NBMX							STEP		DEST		DEST		

时间 样点	500a	1 000a	1 500a	2 000a	2 500a	3 000a	4 000a	5 000a	6 000a	7 000a	8 000a	9 000a	10ka	11ka
可可苏		DEST	DEST	DEST										
罗布泊4	DSDE				DSDE		DSDE		DSDE		DSDE	DSDE		DSDE
玛纳斯湖	DSDE	DEST	STEP	DEST	STEP	DEST	DEST	STEP	DEST	DSDE	DSDE	DEST	DEST	DSDE
尼雅	DSDE	DEST	DEST	DSDE	DEST	DSDE	DEST						DEST	DSDE
四厂湖	DSDE	DSDE												
艾比湖西			DEST				DEST	DEST		DEST				
塔格勒	DEST													
巴里坤湖	DEST													
五道林										DSDE	DSDE	DSDE		DSDE
乌伦古湖		DEST	STEP	STEP	STEP	DEST	DEST	STEP	DEST	DEST	MOME	MOME	MOME	
乌恰桥		DSDE	DSDE	STEP	DEST	DEST	DEST	DEST	DEST		DSDE	DEST	DEST	
小西沟	STEP	DEST	STEP	STEP	STEP	STEP	DEST	STEP	STEP					
YOUERDS	MOME	STEP	NBMX	NBMX	MOME	STEP	DEST	MOME	MOME	MOME	MOME	MOME	MOME	
约特干				NBMX			DEST	DEST						
罗布泊K1										DSDE	DSDE	DSDE	DSDE	

备注：表中各生物群区的中文释义：DEST（荒漠草原）；DSDE（灌木荒漠）；STEP（草原）；PLME（平原草甸）；MOME（山地草甸）；ENVF（常绿针叶林）；NBMX（针阔混合林）。另：YOUERDS 指的是小尤尔都斯盆地。

的指示和代表意义，对全球变化的进一步深入研究可以提供特殊区域的佐证信息。

8.2　全新世各时段重建生物群区的结果分析

500aBP 时共有 13 个样点的样品参与，模拟出小西沟 1 个草原（steppe，STEP）；巴里坤湖西北、博斯腾湖、和田策勒塔格勒剖面及阜康北沙窝剖面 5 个荒漠草原（desert steppe，DEST）；大罗坝、尤尔都斯和大西沟 3 个山地草甸（mountain meadow，MOME）；尼雅剖面、柴窝堡湖、东道海子、北庭古城东河坝、玛纳斯湖以及四厂湖 6 个荒漠（desert，DESE）共 5 种生物群区类型（分布如图 8-1）。当时新疆的环境整个还是很干旱的，但相对于现代来说稍显湿润，这一时期基本上对应于北半球 430—30aBP 的新冰期，即全新世第四新冰期，亦称小冰期（钟巍，1994）。13 个样点中就有 6 个是荒漠，5 个荒漠草原，与各样点的现代植被有所差异，普遍模拟出比现代

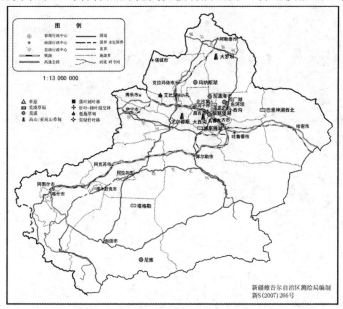

图 8-1　新疆地层孢粉重建的 500aBP 时段生物群区

植被相对湿润气候条件下的植被，如小西沟模拟出的草原类型比现代的荒漠草原类型更为湿润；尤尔都斯模拟的植被为山地草甸，也比现代的荒漠草原植被更为湿润；此外，还有阜康北沙窝、艾比湖 ASH 孔等模拟出的植被也较现代植被相对湿润。

　　1 000aBP，共有 19 个样点的样品参与，模拟出艾比湖 ASH 孔 1 个低地草甸；东道海子、罗 4 井、四厂湖、英吉沙乌恰桥 4 个荒漠；尤尔都斯 1 个草原；乌伦古湖、玛纳斯湖、可可苏、东河坝、桦树窝子、尼雅剖面、小西沟、博斯腾湖和柴窝堡湖 9 个荒漠草原；大罗坝和大西沟两个山地草甸以及坎苏 1 个针叶-阔叶混交林（needle-leaved and broad-leaved mixed forest，NBMX），共 6 种生物群区类型（分布如图 8-2）。这是一个参与重建的样点相对较多的时段，模拟出的生物群区类型也相对较多，对当时整个新疆植被状况的代表性相对要好一些。模拟出的荒漠样点数较 500aBP 时偏少，荒漠草原数却相对增多，表明整体气候仍然干旱，植被主要仍在荒漠

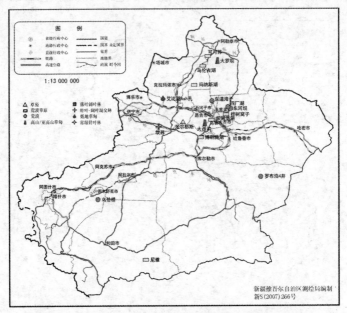

图 8-2　新疆地层孢粉重建的 1 000aBP 时段生物群区

和荒漠草原之间更替，但较前期稍湿润，这一时段的湿润目前在其他地方未见记录，还有待进一步的研究。需要指出的是，现代植被为荒漠的坎苏在这时却模拟出针叶-阔叶混交林，这可能与现代快速发展的人类农耕活动对原始生态的破坏有一定的关系，由于坎苏剖面位于现在伊犁哈萨克自治州的坎苏乡，那时发达的农耕活动以及植树运动有可能会干扰当地的自然植被，造成孢粉中乔木成分的增多。

　　1 500aBP，有 15 个样点的样品参与，模拟出尼雅剖面和英吉沙乌恰桥两个荒漠；艾比湖 AAZ 剖面、艾比湖 ASH 孔 2 个低地草甸类型；博斯腾湖、东道海子、可可苏及艾比湖西南剖面 4 个荒漠草原；桦树窝子、玛纳斯湖、乌伦古湖和小西沟 4 个草原；大罗坝和大西沟两个山地草甸，尤尔都斯 1 个针叶-阔叶混交林，共 6 种生物群区类型（分布如图 8-3）。这一时段是新疆一个短暂的湿润期（钟巍，1998），也被认为是新疆北部中世纪的气候适宜期（阎顺，2004），

图 8-3　新疆地层孢粉重建的 1 500aBP 时段生物群区

其湿润程度超过了 500aBP 和 1 000aBP。从模拟结果看，只有尼雅和英吉沙乌恰桥两个典型的剖面为荒漠；草原类型增多；尤尔都斯此时也被模拟为针叶-阔叶混交林，表明乔木孢粉含量相对增加；荒漠草原面积也相对减小，如乌伦古湖、小西沟和桦树窝子等前期为荒漠草原的，这一时段出现草原。

2 000aBP，有 13 个样点的样品参与，模拟出博斯腾湖、柴窝堡湖、东道海子及尼雅 4 个荒漠；可可苏、玛纳斯湖等 4 个荒漠草原；大西沟 1 个山地草甸；和田约特干和尤尔都斯 2 个针叶-阔叶混交林；小西沟和桦树窝子两个草原，共 6 种生物群区类型（分布如图 8-4）。这一时段气候较 1 500a 时要干，主要表现在荒漠面积有所增加，荒漠草原有所减少。其他如草原、山地草甸和针叶-阔叶混交林等变化不大。其中和田约特干模拟出针叶-阔叶混交林，可能是该剖面属河湖相沉积，其中孢粉可能受到上游迁移而来的乔木孢粉的干扰。

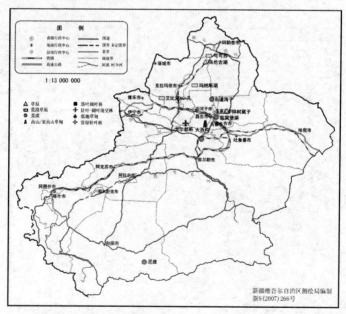

图 8-4   新疆地层孢粉重建的 2 000aBP 时段生物群区

　　2 500aBP，这一时段参与模拟的样点较少，只有 10 个。模拟出大西沟和尤尔都斯 2 个山地草甸；阜康北沙窝和罗 4 井 2 个荒漠；东道海子、英吉沙乌恰桥和尼雅 3 个荒漠草原；玛纳斯湖、乌伦古湖和小西沟 3 个草原，共 4 种生物群区类型（分布如图 8-5）。模拟结果表现出冷湿气候条件下发育的植被，比较明显的是玛纳斯湖和乌伦古湖这时由荒漠草原向草原过渡，英吉沙乌恰桥和尼雅等也为荒漠草原。这一时期对应于 3 300—2 400aBP 的北半球新冰期（钟巍，1994），相对于前期气候开始变得较为湿润。

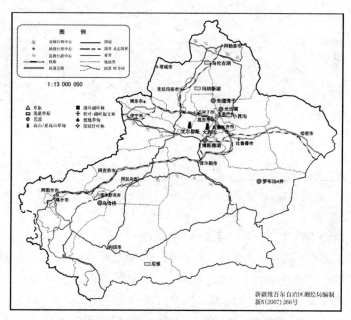

图 8-5　新疆地层孢粉重建的 2 500aBP 时段生物群区

　　3 000aBP，12 个样点的样品参与，模拟出博斯腾湖、东道海子和尼雅 3 个荒漠；艾比湖 AAZ 剖面、柴窝堡湖、英吉沙乌恰桥、玛纳斯湖 4 个荒漠草原；大罗坝、尤尔都斯和小西沟 3 个草原类型；只有大西沟 1 个山地草甸，共 4 种生物群区类型（分布如图 8-6）。模拟结果表明这一时段的气候相对干旱，主要表现为博斯腾湖由荒漠草原转为荒漠，大罗坝和尤尔都斯为草原类型，比山地草甸显得更为耐旱一些。

图 8-6　新疆地层孢粉重建的 3 000aBP 时段生物群区

这一时期也对应于 3 300—2 400aBP 的北半球新冰期，各种地质记录也都表明 3 000aBP 前后是新疆一个重要的成壤期，北半球第三新冰期在新疆的表现是湖泊、冰川、泥炭的发育，沙漠固定、古土壤形成以及人类文化的发展（钟巍，1994）。

4 000aBP，17 个样点的样品参与，模拟出东道海子、阜康北沙窝、罗 4 井和尼雅 4 个荒漠；大罗坝和红五月桥两个山地草甸；其余的样点均被模拟为荒漠草原，荒漠草原的分布海拔也有所上升，如小西沟、尤尔都斯等此前一直比较湿润，模拟为草原或森林的样点在这一时段也出现了荒漠草原。大罗坝和红五月桥两个剖面也没有出现森林类型，表明气候相对于前期显得干旱，对应于在全新世全球气候适宜期时段新疆出现了相对暖干的气候（分布如图 8-7）。

图 8-7 新疆地层孢粉重建的 4 000aBP 时段生物群区

5 000aBP，16 个样点的样品参与，模拟出坎苏、玛纳斯湖、乌伦古湖和小西沟 4 个草原；罗 4 井和阜康北沙窝剖面 2 个荒漠；博斯腾湖、和田策勒达玛沟剖面、东道海子、艾比湖 AAZ 剖面、艾比湖西南剖面、柴窝堡湖、英吉沙乌恰桥和约特干 8 个荒漠草原；大罗坝、红五月桥和尤尔都斯 3 个山地草甸，共 4 种生物群区类型（分布如图 8-8）。模拟结果表明该时段前后，气候比前期相对湿润，对应于 5 000aBP 前后到来的北半球全新世第二新冰期（钟巍，1994）。玛纳斯湖和乌伦古湖又出现了草原，荒漠草原的面积仍然很广，但主要集中在南疆地区。这时新疆已经进入全新世大暖期，5 000aBP 前后出现的湿润气候是在整体偏暖干的大背景由于第二新冰期的到来而产生的一次波动。

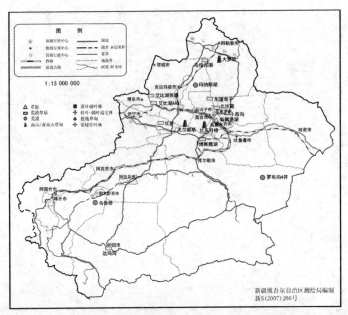

图 8-8　新疆地层孢粉重建的 5 000aBP 时段生物群区

　　6 000aBP，仅有 10 个样点参与，模拟出艾比湖 AAZ 剖面、柴窝堡湖等 4 个荒漠草原；东道海子、罗 4 井、阜康北沙窝和玛纳斯湖 4 个荒漠；红五月桥和小西沟两个草原；尤尔都斯 1 个山地草甸，共 4 种生物群区类型（分布如图 8-9）。模拟结果表明该时段气候偏干，平原区荒漠和荒漠草原发育普遍，而山区变化不大，红五月桥和小西沟仍为草原，尤尔都斯也仍发育山地草甸。这一时段是中国全新世大暖期鼎盛阶段的开始，对全国来说是大暖期中稳定的暖湿阶段，但个别地点如柴达木等因高温蒸发旺盛，出现比之前更为干燥而出现盐类沉积。国内其他地方气候均较暖湿，季风降水几乎波及全国，植物生长空前繁茂（施雅风等，1992）。而新疆也确实存在着大暖期，其持续时间为 8.5—4.0kaBP，其中也曾有过短时偏干气候的波动（6.5—5.0kaBP）。由于测年的误差，这一偏干期的时间各处尚不一致，或者小气候局部环境的影响（文启忠等，1992）。从模拟的生物群区结果来看，也对应了该时段处于暖干气候环境的大背景。

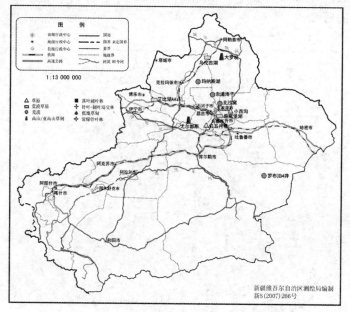

图 8-9　新疆地层孢粉重建的 6 000aBP 时段生物群区

　　7 000aBP，15 个样点的样品参与，模拟出达玛沟、东道海子、阜康北沙窝、玛纳斯湖和罗 K1 孔 5 个荒漠；艾比湖 AAZ 剖面、博斯腾湖、柴窝堡湖、艾比湖西南剖面、坎苏和乌伦古湖 6 个荒漠草原；尤尔都斯 1 个山地草甸；红五月桥和大罗坝两个常绿针叶林，共 4 种生物群区类型（分布如图 8-10）。这一时期和前期变化不大，仍然处于相对较干的气候条件下，平原区荒漠和荒漠草原发育很广。该时段仍属于全新世大暖期，东部季风地区的普遍研究成果显示气候属于暖湿，而新疆的研究大多数表明了一种相对暖干的气候状态，这可能跟新疆平原区温暖期强烈的蒸发可能导致对植物的有效降水量降低有关。而山区与平原区有所差异，在暖期由于气温升高，森林线上移，森林拓展，表现出相对暖湿的气候环境。模拟结果也显示在阿尔泰大罗坝和天山的红五月桥在这一时段针叶林植被发育，新疆这时基本上属于全新世温暖期的适宜期。但平原和山地对于气温升高后水热组合反映的差异较为明显，这一点值得进行更为深入的研究。

图 8-10　　新疆地层孢粉重建的 7 000aBP 时段生物群区

8 000aBP，只有 9 个样点的样品参与，模拟出博斯腾湖、罗 4 井、罗 K1 孔、玛纳斯湖和英吉沙乌恰桥 5 个荒漠；艾比湖 AAZ 剖面 1 个荒漠草原；阿奇克库勒湖 1 个草原；乌伦古湖和尤尔都斯两个山地草甸，共 4 种生物群区类型（分布如图 8-11）。看出仍然是荒漠占据多数，气候相对偏干，博斯腾湖和玛纳斯湖都模拟出荒漠植被；这里需要重点指出的是乌伦古湖的模拟结果有其特殊的原因。肖霞云等（2006）的研究结果显示，在这个时段由于乌伦古湖的孢粉不能反映区域植被状况，只是反映了隐域植被，由于孢粉水生植物和湿生植物含量较高，所以模拟成湿度较高的高山/亚高山植被也就可以理解了。这一时段是新疆地区温暖期的尾声阶段，从模拟结果看，由于参与的样点基本上都集中于平原区，总体仍反映的是平原区在气温升高后蒸发加剧而出现的暖干气候环境。

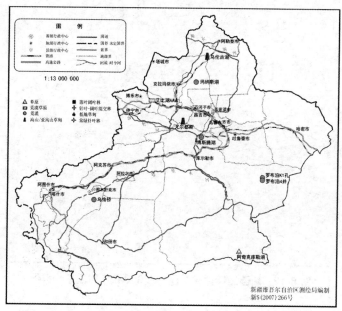

图 8-11　新疆地层孢粉重建的 8 000aBP 时段生物群区

9 000aBP，12 个样点的样品参与，模拟出艾比湖 AAZ 剖面、博斯腾湖、达玛沟、阜康北沙窝、罗 4 井、罗 K1 孔和吐鲁番五道林剖面 7 个荒漠；玛纳斯湖和坎苏两个荒漠草原；大罗坝 1 个草原；乌伦古湖和尤尔都斯两个山地草甸，共 4 种生物群区类型（分布如图 8-12）。这仍然是一个相对偏干的时期，荒漠和荒漠草原仍然占据主导地位，坎苏也成为荒漠草原，大罗坝也由山地草甸过渡为森林草原，乌伦古湖山地草甸的模拟成因同前，整个新疆处于相对干旱的气候环境下。但这一时段相对于前期稍显湿润，可能主要是 9 000aBP 前后全新世第一次新冰期冷湿环境所导致的（钟巍，1994）。

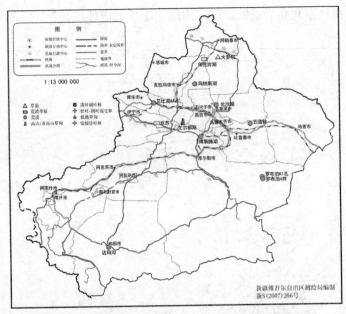

图8-12   新疆地层孢粉重建的9 000aBP 时段生物群区

　　10 000aBP，12 个样点的样品参与，模拟出艾比湖 AAZ 剖面、博斯腾湖、达玛沟、罗 K1 孔 4 个荒漠；柴窝堡湖、阜康北沙窝、玛纳斯湖和英吉沙乌恰桥 4 个荒漠草原；阿奇克库勒湖和大罗坝两个草原；乌伦古湖和尤尔都斯两个山地草甸，共 4 种生物群区类型（分布如图 8-13）。这一时段气候较前期有所转湿，荒漠和荒漠草原面积相对减小，草原有所增加。

　　11 000aBP，仅 6 个样点的样品参与，模拟出艾比湖 AAZ 剖面 1 个草原；阿奇克库勒湖 1 个荒漠草原；达玛沟、阜康北沙窝、罗 4 井、玛纳斯湖和五道林 5 个荒漠，共 3 种生物群区类型（分布如图 8-14）。该时段的样点较少，却仍然可以显示出相对干旱的气候，阿奇克库勒湖由草原过渡为荒漠草原，玛纳斯湖此时也为荒漠，只有艾比湖 AAZ 剖面可能由于西部局地小气候的影响，反而发育出草原这一特殊现象。这一时段前后是三门峡地区黄土记录中新仙女木期

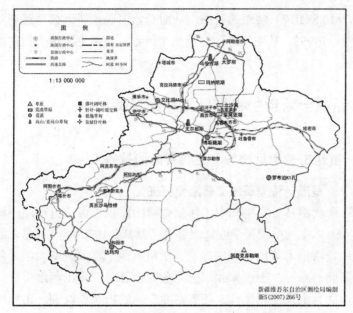

图 8-13　新疆地层孢粉重建的 10 000aBP 时段生物群区

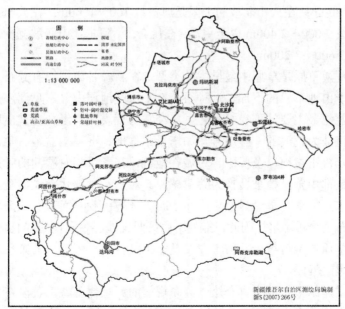

图 8-14　新疆地层孢粉重建的 11 000aBP 时段生物群区

（12.5—10.8kaBP）结束的时间，从而开始出现全新世第一暖期（王书兵等，1999），从生物群区的模拟结果看在新疆也表现为相对暖干的气候。

8.3 新疆全新世生物群区重建结果的讨论

8.3.1 重建植被所反映的各生物群区演替特点

（1）荒漠与荒漠草原交替演变特征

在现代植被分布格局中，新疆荒漠的面积很大，占全疆土地面积的42%以上（中国科学院新疆综合考察队，1978）。它占据着准噶尔盆地、塔里木盆地、塔城谷地、伊犁谷地、嘎顺戈壁、帕米尔高原及藏北高原等。不仅如此，它在各大山脉可以由山麓地带上升到山坡，而且上升得相当高。随着由北向南的山脉以及同一山脉由西向东，它分布的海拔高度有所升高。在阿尔泰山南坡，分布在海拔500～800m；在天山北坡的上限是海拔 1 100～1700m；在天山南坡是海拔2 000～2 400m 以至更高；在昆仑山、阿尔金山北坡竟上升到海拔2 600～3 200m。

荒漠草原是草原中最旱生的类型，在新疆各山地均有分布，一般处于山地草原的下部。这种组合在平原区地层中最常见到，是新疆第四纪最主要的孢粉组合之一，经常与荒漠类型组合交替出现。现代植被为荒漠的一些地方，如塔里木盆地、准噶尔盆地、哈密盆地、吐鲁番盆地以及伊犁、塔城谷地等，在气候相对湿润的时期，大多数都由荒漠植被转换为荒漠草原。对比新疆现代荒漠、荒漠草原的水热特征，荒漠显然更广布于暖干环境，相对而言，荒漠草原更广布于冷湿环境。因此，推测平原第四纪地层中发现的代表荒漠、荒漠草原的孢粉组合，前者主要是暖干气候的代表，后者则反映相对冷湿的气候。

重建结果是基本符合这一分布规律的。总体上看，荒漠在各时段基本都分布在平原区，尤其是南疆和东疆地区。如南疆的尼雅剖面、罗布泊的罗 4 井、罗 K1 孔、吐鲁番的五道林剖面等在整个全新世几乎都以荒漠植被占据了绝对优势。从其他采样点的植被演替情况来看，在相对湿润时期（1 000aBP，1 500aBP，2 500aBP，5 000aBP，6 000aBP，10 000aBP），荒漠范围有所缩小。在最湿润的 1 500aBP，2 500aBP，5 000aBP 几个时段，东道海子等典型的平原区也出现了荒漠草原，玛纳斯湖甚至出现了草原植被。而在最干旱的时候，荒漠植被很容易上升到一定的海拔高度，上升最高的如 2 000aBP、3 000aBP 及 8 000aBP、9 000aBP 前后的博斯腾湖，平原区的荒漠面积也有所扩大。

（2）草原和山地草甸交替演变特征

这里的草原在新疆是特指排除荒漠草原以外的其他草原类型，如森林草原、真草原、草甸草原和高寒草原等。草原是温带半干旱区占优势的植被类型，在受到荒漠干旱气候控制的新疆，草原仅居次要地位，绝大部分成为山地垂直结构中一个重要的组成部分。由于孢粉鉴定上的局限，这里的山地草甸是指排除了低地草甸之外的其他草甸类型，如高山草甸、亚高山草甸和中山草甸。山地草甸在新疆成为天山及阿尔泰山东南部高山植被的基本类型。

重建结果显示，整个全新世新疆的草原主要出现在山地垂直带中，随着气候的干湿交替而出现分布区在海拔高度上的变化，主要与荒漠草原和山地草甸交替演变。在气候相对湿润时期（1 000aBP，1 500aBP，2 500aBP，5 000aBP，6 000aBP，10 000aBP），北疆的少数平原地区也出现草原类型，如 1 500aBP，2 500aBP，5 000aBP 的玛纳斯湖；而草原较为恒定的出现还是集中在天山、阿尔泰山等山地的中山带以及昆仑山的高山带，如小西沟、红五月桥、坎苏、桦树窝子、阿奇克库勒等。在气候相对干旱的时期（500aBP，2 000aBP，3 000aBP，4 000aBP，7 000aBP，8 000aBP，9 000aBP，11 000aBP），天山和阿尔泰山的山地草甸也转化成为草原类型如大罗坝和坎苏、大西沟等采样点。这里还要提到的是模拟结果中作为平原区的乌伦古湖模拟出了山地草甸而不是低地草甸或者水生植被，一方面是因为乌伦古湖 7 000a 以前的孢粉主要成分是芦苇等水生禾本科植物，缺少低地草甸标志性的盐化植物类型，另一方面可能是因为 Biomisation 方法在程序中自动排除了具有隐域性质的水生植被，所以平原中的乌伦古湖被模拟到了所有生物群区类型中最接近的山地草甸类型中了。

（3）森林演替特征

在荒漠地带占统治地位的新疆，森林植被的分布和发育受到极大限制，天然森林覆盖率仅为 0.6%，而且分布很不均匀（中国科学院新疆综合考察队，1978）。新疆的森林植被总是作为山地植被垂直带或非地带性的隐域（如河谷林）植被出现的。重建结果显示，新疆全新世森林植被出现的不多，仅在尤尔都斯、坎苏和约特干2 000aBP 前后出现过针-阔混交林，大罗坝和红五月桥 7 000aBP 前后出现过常绿针叶林。从新疆的森林分布特征来看，位于新疆南部和田地区的约特干全新世不可能出现森林植被，重建出的森林植被应该是属于隐域（河谷林）植被，尤尔都斯和坎苏等天山西段出现过森林植被。7 000aBP 全新世大暖期时在阿尔泰大罗坝和天山中段红五月桥出现的常绿针叶林反映了暖期山区森林带扩展的结果。

8.3.2 新疆全新世生物群区的空间演替特征

在整个全新世，新疆的平原区一直处于温带干旱、半干旱气候条件控制之下，植被以荒漠、荒漠草原、草原为主，缺乏大面积阔叶林，也没有大面积针叶林分布，只在平原河谷有河谷林（温带落叶阔叶林）发育。在相对湿润时期，如 1 000aBP，1 500aBP，2 500aBP，5 000aBP，6 000aBP，10 000aBP 等时段，植被多以荒漠草原或草原类型出现；在更加干旱时期，如 500aBP，2 000aBP，3 000aBP，4 000aBP，7 000aBP，8 000aBP，9 000aBP，11000aBP 等时段，植被多以荒漠类型出现。在部分钻孔和剖面也有隐域性的低地草甸存在，这是一种局部小环境的变化，但往往也与大气候变化有联系，低地草甸植被的发育时期与相对湿润期有一定的关系，尤其在同一剖面上，低地草甸孢粉组合的出现与水分条件较好有关，如艾比湖AAZ 剖面在 1 000aBP 和 1 500aBP 时都重建出低地草甸植被。

新疆的山地植被多以森林、草甸和草原为主，随气候波动，冰期、间冰期交替，森林界线上下移动，在更高的地方是亚高山草甸或高山草甸，在山麓则是草原或者荒漠草原。在冷期（1 000aBP，1 500aBP，2 500aBP，5 000aBP，6 000aBP，10 000aBP），由于山地冰川扩大，气温降低，森林线下移，而海拔太低处又缺乏森林生长的足够湿度，因此森林带变窄，原来森林带的一部分被寒冷类型的草原代替；在暖期（500aBP，2 000aBP，3 000aBP，4 000aBP，7 000aBP，8 000aBP，9 000aBP，11000aBP），气温升高，山地冰川缩小，森林线上移，森林扩展，在阿尔泰大罗坝地区和天山红五月桥 7 000aBP 左右的全新世温暖期森林植被广泛发育，而在晚全新世的寒冷期，则草原和草甸发育，如 500aBP，1 500aBP 等。这里要提出的是尤尔都斯 1 500aBP 和 2 000aBP 相对寒冷期时出现了针叶-阔叶混交林植被，与其他山地有所差异，这也许正如《新疆植被及其利用》一书指出的那样，伊犁谷地由于特殊的地貌和地理位置，在冷期时形成了"颇富于海洋性落叶阔叶林特征的森林群落"。

8.3.3　新疆全新世的气候演替特征

从全球尺度来说，影响植被分布的最重要的条件是气候，地球上植被分布的模式是由水热组合状况所决定的。新疆地处内陆腹地，幅员辽阔，处于西风带西风环流的控制下。学术界对于新疆第四纪以来一直处于干旱的大背景下这一观点是普遍认同的，但对于气候变化中的水热组合模式却存在颇多争议。目前对于西风带气候和环境变化的水热组合形式，主要有 3 种观点。一种观点为"冷湿-暖干"组合（李吉均，1990；钟巍等，2001；阎顺等，2004）；第二种观点为"暖湿-冷干"组合（文启忠等，1990）；第三种观点为"冷干-暖干"组合（董光荣等，1990）。因此，对于新疆气候变化中的水热组合特征，尚有待于更为深入和详细的研究。

由于以前的研究和学术结论都是建立在单点研究的基础上的，有一定的局限性。这里，从区域多点宏观的基础上，利用重建的全新世以来植被分布和演替情况，就这一问题再做上面的分析。从重建结果看，新疆全新世植被对应于气候变化最敏感的是在平原区，尤其是以荒漠、荒漠草原以及草原的演替更为明显。所以我们主要以平原区这三种植被的变化作为指示气候水热组合变化的标准进行讨论。从新疆现代植被的分布格局看，荒漠在平原中部；而荒漠草原出现在山麓与平原交界地带，海拔高出邻近荒漠200m，年均降水量大于邻近荒漠区约50～100mm，而年均气温低约1～2℃。荒漠显然更广布于暖干环境，相对而言，荒漠草原和草原更广布于冷湿环境（阎顺，1991）。重建结果对此有所印证：在平原区荒漠广泛发育的干旱期，如4 000aBP，6 000aBP，7 000aBP，8 000aBP等时段基本上处于较为温暖的气候，尤其是从6 000—9 000aBP属于全球典型的全新世大暖期；同时对应了中国东部的暖湿期。在平原区荒漠草原和草原广泛发育的相对湿润期，如1 000aBP，1 500aBP，2 000aBP，5 000aBP，10 000aBP等时段，则基本上处于相对较冷的气候条件下；这些时段大多可以与全新世以来的新冰期和小冰期等全球寒冷气候期相适应，也对应于中国东部的冷干期。我国华北地区一般具有寒冷期干旱、温暖期湿润的特点（周昆叔等，1984），从重建的结果来看，新疆的平原区气候与华北有所不同，在温暖期，强烈的蒸发可能导致对植物的有效降水量更低；而在冷期，蒸发的减弱使植物得到的水量实际上增加了。当然，在特殊的地貌条件下，气候的冷暖干湿组合可能是多类型的，既有冷湿、暖干的组合，也有温湿、冷干等组合。

8.4 新疆全新世古植被动态定量重建的主要结论

利用表土孢粉和地层孢粉并运用Biomisation方法对新疆全新世植被进行的重建工作基本上是理想的，在一定程度上反演了新疆全新世古植被和古环境演变过程，可以得出以下结论：

① 利用Biomisation方法对新疆表土孢粉进行古植被重建后的结果表明，模拟出的现代表土孢粉在水平样带和垂直分异上都与现代植被拟合较好，利用Biomisation方法对新疆全新世古植被进行重建具有可行性。

② 表土孢粉与植被的关系密切，现代表土孢粉的空间分布与现代植被的宏观分布规律基本一致，表土孢粉可以作为植被数值化的指标。

③ 新疆的表土孢粉采样点和地层采样点空间分布极不均衡，过分集中于北疆，尤其是山地周围。这对于整个新疆区域环境演变研究的代表性形成制约，需要不断完善。

④ 利用新疆常见孢粉设计的主要生物群区为：常绿针叶林、针叶-阔叶混交林、落叶阔叶林、灌丛、灌木/半灌木荒漠、多汁盐柴类荒漠、草原、荒漠草原、高山/亚高山草甸、低地草甸、沼泽和水生植被、冻原。

⑤ 利用 Biomisation 方法分别重建的新疆全新世不同时期的古植被，基本上能反映出新疆全新世古环境和古气候的变迁，所反映的古气候规律与各采样点的变化规律基本同步，与其他区域也具有一定的可比性。

⑥ 利用 Biomisation 方法模拟荒漠草原和草原时，误差比较大，需要继续完善。而荒漠草原类型是新疆平原地区第四纪地层孢粉组合中很典型的类型，经常与荒漠和草原交替出现，对气候环境的变化有较好的指示性。

⑦ 整个全新世，新疆平原地区一直处于温带干旱、半干旱气候条件控制之下，植被以荒漠、荒漠草原、草原为主，在相对湿润时期，如 1 000aBP，1 500aBP，2 500aBP，5 000aBP，6 000aBP，10 000aBP 等时段，植被多以荒漠草原或草原类型出现；在更加干旱时期，如 500aBP，2 000aBP，3 000aBP，4 000aBP，7 000aBP，8 000aBP，9 000aBP，11 000aBP 等时段，植被多以荒漠类型出现。山地植被随气候波动及冰期、间冰期的交替，森林界线上下移动。在冷期（1 000aBP，1 500aBP，2 500aBP，5 000aBP，6 000aBP，10 000aBP），由于山地冰川扩大，气温降低，森林线下移，而海拔太低处又缺乏森林生长的足够湿度，因此森林带变窄，原来森林带的一部分被寒冷类型的草原代替；在暖期（500aBP，2 000aBP，3 000aBP，4 000aBP，7 000aBP，8 000aBP，9 000aBP，11 000aBP），气温升高，森林线上

移，森林扩展。

⑧ 新疆全新世的植被变化对气候变化响应最敏感的是在平原区，尤其是以荒漠、荒漠草原以及草原的演替更为明显。在平原区荒漠广泛发育的干旱期，如 500aBP，2 000aBP，3 000aBP，4 000aBP，7 000aBP，8 000aBP，9 000aBP，11 000aBP 等时段基本上气候相对温暖。在平原区荒漠草原和草原广泛发育的相对湿润期，如 1 000aBP，1 500aBP，2 500aBP，5 000aBP，6 000aBP，10 000aBP 等时段，则基本上处于相对较冷的气候条件下。

第9章 研究的不足与展望

运用生物群区化（Biomisation）方法动态定量重建古植被的研究在国内做得还不多，已有的研究成果主要集中在"BIOME 6 000计划"中对 6 000aBP 的古植被定量重建，还没有见到针对较长时间序列的古植被动态定量重建。因此，该方向的研究在一定程度上还处于探索状态，不可避免地会遇到很多问题和困难。我们只能尽可能地减小，也希望在未来的相关工作中能够不断得到改进和完善。

孢粉鉴定的精度一般只能到属有时甚至只能到科，这在很大程度上给植物功能型和生物群区的准确设计带来一定程度的限制，还需要进一步提高。

在进行植被动态重建时对于测年数据推算的精确性还存在一定的误差，这里对沉积速率推算时由于资料的缺乏，忽略了粒度等影响因素，在以后的工作中需要搜集和整理好每个样点的岩性粒度等资料，有助于提高沉积速率推算的精度；同时孢粉样品的测年质量本身也还需要进一步控制。在测年技术方面，改进 ^{14}C 测年方法，包括常规法和加速器质谱法，测定 50 000 年以内的样品，加速器质谱 ^{14}C 测年法是测定精度最高的一种。在以后的样品测定中，应尽量提高测年精度，使古植被的重建和对古气候的后续研究更为准确。

除了原始的孢粉样品记录外，从文献恢复的孢粉样品数据中的孢粉种类比较少，多数仅为主要的几种孢粉类型，而百分比较少的类型都被原作者省略掉了，难以获取完整的孢粉百分比。这些局限性可以通过将功能型植物的选择进一步与现代生态地植物学家的工作相结合、与现代和第四纪孢粉学家的工作相结合，逐步积累能够全面包含新疆各个植被带的表土孢粉数据，从而建立较完整的新疆第四纪孢粉数据库等方式得到改进。

由于 Biomisation 程序运行的需要，必须获取每个孢粉样点的具体地理数据（包括经度、纬度和海拔数据）。但早期的孢粉点大多数没有具体数据，多为定性的描述，只能依靠新疆维吾尔自治区测绘局 1979 年绘制的 1∶1 000 000 新疆地形图，中国科学院综合考察委员会新疆综合考察队植物组 1972 年编辑、中国科学院地理研究所地图室绘图组 1978 年绘制的 1∶4 000 000 新疆植被类型图等文本资料，同时利用 Mapinfo 等 GIS 软件进行恢复，这在一定程度上存在着误差，在以后的样品采集工作中，这一问题由于 GPS 的普遍使用可以得到较好的解决。

目前统计的孢粉数据点还比较少，空间分布也还不均一。本书运行的孢粉植被化模型，可以提供一个较客观地恢复植被和植被制图法。它的精度可以随着资料的密度和孢粉类型的增加而大大提高。因为采用的孢粉类型越多，计算每个植被型计分的差距就越大，选择和确定生物群区相对就越可靠。而一旦确定了功能型植物和生物群区，每个孢粉点的植被模拟都是独立的。孢粉点越多，模拟的地理密度就越大，所构成的植被带也就越精确。本书采用了 200 个现代孢粉点作为植被模拟的类比基础，可以提供一个大范围的模拟比较，但由于这些样点分布过于集中，对新疆植被的精确模拟还远远不够，还需要做大量的工作。

新疆植物功能型和生物群区的分类体系，还需要进一步完善。尤其是植物功能型的划分标准可以向植物功能性状标准方向发展，为后续的古气候研究奠定基础。所谓"植物功能性状"是物种长期进化过程中适应不同环境而产生的易于观测或者度量的植物特征，能够客观表达植物对外部环境的适应性，如植物生活史特征、繁殖特征、生理生态学特征等，这些植物性状存在与否或多度如何可以量化环境（如气候）和植物响应的相互关系，同时也反映了植物种所在的生态系统的功能特性。在最近的十年里，植物功能性状与植物功能型两个概念相结合，被广泛应用到植物生态学和全球变化生态学的研究中（Westoby et al.，2002）。这种大尺度的植物功能性状与气候的数量关系，使得科学家们开始了利用植物形态特征定量估测现状气候的新尝试（Wiemann et al.，2001），同时也奠定了利用孢粉记录定量恢复重建古气候的理论基础（Barboni et al.，2004）。国内定性和半定量的孢粉-古气候重建工作已经许多尝试（宋长青等，1997；宋长青和孙湘君，1997，1999），然而，以生态学为基础的古气候定量重建还比较欠缺，大尺度的植物功能性状与气候关系的定量分析以及基于植物功能性状的孢粉-古气候定量重建工作还没有开展，因此在我国，尤其是新疆这个极端干旱和地形复杂的特殊地区从事这方面的研究是非常必要的。

　　除了孢粉外的其他代用数据在新疆较为缺乏，利用多代用数据进行比较的实现还存在很多的困难。这对于整个新疆古环境研究都有很大的制约性，使得在论述古植被阶段及对全球变化响应的机制上难以进行细致的分析和取得相关学科资料的佐证。还需要各界同仁携手解决，在未来的工作中，应对于植物大化石、动物化石、古文物和湖面波动等其他代用数据进行搜集和整理，与孢粉数据一起，综合全面地分析和研究新疆地区的古植被和古气候。

　　由于新疆地区特殊和脆弱的生态与环境，人类活动对植被发展的影响就显得非常突出，因此有必要在研究古植被演变过程中甄别气候和人类活动的不同影响，尤其是最近 2 000 年来人类活动加剧对古植被动态演变的作用，以及识别人类活动反映在古植被上的信号。同时，将新疆全新世生态环境的演变与古文明的演变进行同步比较或者结合性研究，可以更好地认识自人类文明活动增强以来，环境演变和文明发展的相互关系。这些工作在未来新疆地区古环境演变的后续研究工作中会占据举足轻重的作用，值得引起重视。

　　将新疆全新世以来的古环境研究成果与周围地区以及西部相似地区同时段研究成果进行比较也是非常重要的。由于时间、精力和数据资料等种种原因，这部分工作也没能实现。希望在未来的后续研究中进行更为细致的研究和分析。

　　尽管新疆环境演变的研究取得了大量的科学成果，但仍然存在许多尚未解决的问题，如何进一步深化新疆乃至西部地区过去环境变化研究，得出一些为国际同行所公认的西部环境演变规律，仍然是当代科研工作者的重任，在这里，多学科、多代用资料的综合、集成与对比将是非常重要的研究方法和途径。因此，以孢粉数据为基础的古植被动态格局和古气候定量重建，以后就非常有必要在重建的连续性、定年的可靠性和高分辨率等诸多方面进行多学科、多代用数据的集成与比较，从而更加精确地恢复重建过去，尤其是全新世以来该地区的古植被动态格局和古气候定量特征，为新疆的生态安全研究与调控提供更为有力的科学基础。

参考文献

[1] 陈瑜，倪健. 2008. 利用孢粉记录定量重建大尺度古植被格局[J]. 植物生态学报，32（5）：1201-1212.

[2] 崔胜辉，洪华生，黄云凤，等. 2005. 生态安全研究进展[J]. 生态学报，25（4）：861-868.

[3] 方小敏，吕连清. 2001. 昆仑山黄土与中国西部沙漠发育和高原隆升[J]. 中国科学（D），31（3）：177-184.

[4] 韩淑媞，潘安定，赵泉鸿. 1989. 新疆巴里坤湖晚第四纪生物地层学与古气候[J]. 科学通报，1168-1172.

[5] 韩淑媞，吴乃锜，李志忠. 1993. 晚更新世晚期北疆内陆型气候环境变迁[J]. 地理研究，12：47-54.

[6] 韩淑媞，袁玉江. 1990. 新疆巴里坤湖 35 000 年来古气候变化序列[J]. 地理学报，45（3）：350-362.

[7] 韩淑媞，钟巍. 1990. 新疆巴里坤湖 ZK0024 孔微量元素变化的古气候意义[J]. 地理科学，10（2）：150-158.

[8] 韩淑媞. 1991. 北疆巴里坤湖 500 年来环境变迁[J]. 新疆大学学报（自然科学版），8（2）：80-89.

[9] 侯学煜. 1960. 中国的植被[M]. 北京：人民教育出版社.

[10] 侯学煜. 1988. 中国地植物学[M]. 北京：科学出版社.

[11] 黄小忠，赵艳，程波，等. 2004. 新疆博斯腾湖表层沉积物的孢粉分析[J]. 冰川冻土，26（5）：602-609.

[12] 李吉均. 1990. 中国西北地区晚更新世以来环境变迁模式[J]. 第四纪研究，4：197-204.

[13] 李家洋，陈泮勤，葛全胜，等. 2005. 全球变化与人类活动的相互作用——我国下阶段全球变化研究工作的重点[J]. 地球科学进展，20（4）：371-377.

[14] 李江风. 1985. 楼兰王国的消亡和丝路变迁与气候关系[A]. 干旱区新疆第四纪研究论文集[C]. 乌鲁木齐：新疆人民出版社.

[15] 李树峰，阎顺，孔昭宸，等. 2005. 乌鲁木齐东道海子剖面的硅藻记录与

环境演变[J]. 干旱区地理，28（1）：81-87.

[16] 李文漪. 1998. 中国第四纪植被与环境[M]. 北京：科学出版社.

[17] 李志忠，关有志，贾惠兰，等. 1996. 塔里木盆地北部全新世地层中的孢粉组合与古环境[J]. 干旱区资源与环境，10：23-29.

[18] 李志忠，海鹰，周勇，等. 2001. 乌鲁木齐河下游地区 30kaBP 以来湖泊沉积的孢粉组合与古植被古气候[J]. 干旱区地理，24（3）：201-204.

[19] 刘慎谔. 1934. 中国北部及西部植物地理概论[J]. 北研植物所研究丛刊，2：9.

[20] 倪健，陈瑜，Ulrike Herzschuh，等. 2010. 中国第四纪晚期孢粉记录整理[J]. 植物生态学报，34（8）：1000-1005.

[21] 倪健. 2000. BIOME6000：模拟重建古生物群区的最新进展[J]. 应用生态学，11：465-471.

[22] 倪健. 2001. 区域尺度的中国植物功能型与生物群区[J]. 植物学报，43（4）：419-425.

[23] 倪健. 2002. BIOME 系列模型：主要原理与应用[J]. 植物生态学报，26（4）：481-488.

[24] 潘安定. 1992. 富蕴水磨沟探槽的孢粉组合特征及其意义[J]. 内陆地震，6（4）：388-393.

[25] 潘安定. 1993. 天山北坡不同植被类型的表土孢粉组合研究[J]. 地理科学，13（3）：227-233.

[26] 钱崇澍，吴征镒，陈昌笃. 1956. 中国植被的类型[J]. 地理学报，22（1）.

[27] 施雅风，文启忠，曲耀光，等（乌鲁木齐地区水资源问题研究队）. 1990. 新疆柴窝堡盆地第四纪气候环境变迁和水文地质条件[M]. 北京：海洋出版社.

[28] 宋长青，吕厚远，孙湘君. 1997. 中国北方孢粉-气候因子转换函数建立及应用[J]. 科学通报，42：2182-2186.

[29] 宋长青，孙湘君. 1999. 中国第四纪孢粉学研究进展[J]. 地球科学进展，14：401-406.

[30] 宋长青，孙湘君.孢粉-气候因子转换函数建立及其对古气候因子定量重建[J]. 植物学，1997，39：554-560.

[31] 孙湘君，杜乃秋，翁成郁，等. 1994. 新疆玛纳斯湖盆周围近 14 000 年以来的古植被古环境[J]. 第四纪研究，（3）：239-248.

[32] 孙湘君，杜乃秋，翁成郁，等. 1994. 新疆玛纳斯湖盆周围近 14 000 年以来的古植被古环境[J]. 第四纪研究，14：239-248.

[33] 孙湘君，宋长青，陈旭东. 1999. 中国第四纪孢粉数据库（CPD）和生物群区（BIOME6 000）[J]. 地球科学进展，14：407-411.

[34] 王耕，王利，吴伟. 2007. 区域生态安全概念及评价体系的再认识[J]. 生态学报，27（4）：1627-1637.

[35] 王永，赵振宏，严富华，等. 2000. 罗布泊八一泉剖面孢粉组合及意义[J]. 干旱区地理，23（2）：112-115.

[36] 文启忠，乔玉楼. 1990. 新疆地区 13 000 年来的气候序列初探[J]. 第四纪研究，10：363-371.

[37] 文启忠，乔玉楼. 1992. 新疆地区全新世沉积的古气候记录及其高温期分析[M]. 中国全新世大暖期气候与环境（施雅风主编），北京：海洋出版社.

[38] 文启忠. 1988. 北疆地区晚更新世以来的气候环境变迁[J]. 科学通报，33（10）：771-774.

[39] 吴敬禄，林琳. 2004. 新疆艾比湖湖面波动特征及其原因[J]. 海洋地质与第四纪地质，24（1）：57-64.

[40] 吴敬禄，沈吉，王苏民，等. 2003. 新疆艾比湖地区湖泊沉积记录的早全新世气候环境特征[J]. 中国科学（D 辑），33：569-575.

[41] 吴玉书. 1994. 新疆罗布泊 F_4 浅坑孢粉组合及意义[J]. 干旱区地理，17（1）：24-29.

[42] 肖笃宁，陈文波，郭福良. 2002b. 论生态安全的基本概念和研究内容[J]. 应用生态学报，13（3）：354-358.

[43] 肖笃宁. 2002. 干旱区生态安全研究的意义与方法. 见：李文华，王如松. 生态安全与生态建设[M]. 北京：气象出版社.

[44] 肖霞云，蒋庆丰，刘兴起，等. 2006. 新疆乌伦古湖全新世以来高分辨率的孢粉记录与环境变迁[J]. 微体古生物学报，23（1）：77-86.

[45] 新疆地理学会编. 1993. 新疆地理手册[M]. 乌鲁木齐：新疆人民出版社.

[46] 许清海，阳小兰，王子惠，等. 1995. 河流搬运花粉的初步研究[J]. 植物

学报，37（10）：829-832.

[47] 许清海．2007. 关于建立"中国第四纪孢粉数据库中心"的倡议[A]. 中国古生物学会孢粉学分会简讯，1，4-5.

[48] 许英勤，阎顺，贾宝全，等. 1996. 天山南坡表土孢粉分析及其与植被的数量关系[J]. 干旱区地理，19（3）：24-30.

[49] 许英勤. 1999. 新疆天山小尤尔都斯盆地全新世孢粉植物群与环境演变[J]. 干旱区地理，22（3）：82-88.

[50] 许英勤. 1998. 新疆博斯腾湖地区全新世以来的孢粉组合与环境[J]. 干旱区地理，21（2）：43-49.

[51] 阎顺，孔昭宸，杨振京，等. 2003. 东天山北麓 2000 多年以来的森林线与环境变化[J]. 地理科学，23（6）：699-704.

[52] 阎顺，孔昭宸，杨振京，等. 2004a. 新疆表土中云杉孢粉与植被的关系[J]. 生态学报，24：2017-2023.

[53] 阎顺，孔昭宸，杨振京. 2003a. 新疆吉木萨尔县四厂湖剖面孢粉分析及其意义[J]. 西北植物学报，23：531-536.

[54] 阎顺，李树峰，孔昭宸，等. 2004c. 乌鲁木齐东道海子剖面的孢粉分析及其反映的环境变化[J]. 第四纪研究，24：463-468.

[55] 阎顺，穆桂金，孔昭宸，等. 2004b. 天山北麓晚全新世环境演变及其人类活动的影响[J]. 冰川冻土，26：403-410.

[56] 阎顺，穆桂金，许英勤，等. 1998. 新疆罗布泊地区第四纪环境演变[J]. 地理学报，53：332-340.

[57] 阎顺，穆桂金，许英勤. 2000. 罗布泊地区第四纪环境演化[J]. 微体古生物学报，17（2）：165-169.

[58] 阎顺，穆桂金，远藤邦彦，等. 2003b. 2500 年来艾比湖的环境演变信息[J]. 干旱区地理，26：227-232.

[59] 阎顺，穆桂金. 1990. 塔里木盆地晚新生代环境演变[J]. 干旱区地理，13（1）：1-9.

[60] 阎顺，许英勤. 1989. 新疆阿勒泰地区表土孢粉组合[J]. 干旱区研究，（1）：26-33.

[61] 阎顺，许英勤. 1995. 天山冰碛物中的孢粉组合及冰期环境[J]. 干旱区地

理，18（1）：21-26.

[62] 阎顺. 1991. 新疆第四纪孢粉组合特征及植被演替[J]. 干旱区地理，14：1-9.

[63] 阎顺. 1993. 新疆表土松科孢粉分布的探讨[J]. 干旱区地理，16（3）：1-9.

[64] 阎顺. 1996. 艾比湖及周边地区环境演变与对策[J]. 干旱区资源与环境，10（1）：30-37.

[65] 羊向东，王苏民. 1994. 一万多年来乌伦古湖地区孢粉组合及其古环境[J]. 干旱区研究，11（2）：7-10.

[66] 杨京平，卢剑波. 2002. 生态安全的系统分析[M]. 北京：化学工业出版社.

[67] 杨云良，阎顺，贾宝全，等. 1996. 艾比湖流域生态环境演变与人类活动关系初探[J]. 生态学杂志，15（6）：43-49.

[68] 杨振京，孔昭宸，阎顺，等. 2004. 天山乌鲁木齐河源区大西沟表土孢粉散布特征[J]. 干旱区地理，27（4）：543-547.

[69] 叶玮，穆桂金，王树基，等. 1997. 天山小尤尔都斯盆地全新世湖相沉积特征与沉积环境初步研究[J]. 干旱区地理，20（3）：13-20.

[70] 于革，韩辉友. 1998. 海南岛表土孢粉和热带植被模拟研究[J]. 海洋地质与第四纪地质，18（3）：103-112.

[71] 于革，刘健，陈星，等. 2003. 我国 6 kaBP 植被变化的气候模拟研究[J]. 古生物学报，41（4）：558-564.

[72] 于革，刘平妹，薛滨，等. 2002. 台湾中部和北部山地植被垂直带表土孢粉和植被重建[J]. 科学通报，47（21）：1663-1666.

[73] 于革，张恩楼. 1999. 全球大陆末次盛冰期气候和植被研究进展[J]. 湖泊科学，11（1）：1-10.

[74] 于革. 1998. 根据孢粉模拟的中国植被及 6 000aBP 植被制图的初步探讨[J]. 植物学报，40（7）：665-674.

[75] 于革. 1999. 孢粉植被化与全球古植被计划研究[J]. 地球科学进展，14：306-311.

[76] 张桂华，孔昭宸，杜乃秋. 1996. 北京北华山和东灵山地区的表土孢粉研究[J]. 海洋地质与第四纪地质，16：109-112.

[77] 张军民. 2007. 干旱区生态安全问题及其评价原理——以新疆为例[J]. 生

　　　　态环境，16（4）：1328-1332.

[78]　张小曳. 2001. 亚洲粉尘的源区分布、释放、输送、沉降与黄土堆积[J]. 第四纪研究，21（1）：29-40.

[79]　张芸，孔昭宸，倪健，等. 2008. 新疆草滩湖村湿地4 550年以来的孢粉记录和环境演变[J]. 科学通报，53（3）：306-316.

[80]　张芸，孔昭宸，阎顺，等. 2004. 新疆地区的"中世纪温暖期"——古尔班通古特沙漠四厂湖古环境的再研究[J]. 第四纪研究，24：701-708.

[81]　张芸，孔昭宸，阎顺，等. 2005. 新疆天山北坡地区中晚全新世生物多样性特征[J]. 植物生态学报，29（5）：836-844.

[82]　张芸，孔昭宸，阎顺，等. 2006. 天山北麓晚全新世云杉林线变化和古环境特征[J]. 科学通报，51（12）：1450-1458.

[83]　中国第四纪孢粉数据库小组. 2000. 中国全新世（6 kaBP）末次盛冰期（18 kaBP）生物群区的重建[J]. 植物学报，42（11）：1201-1209.

[84]　中国第四纪孢粉数据库小组. 2001. 表土孢粉模拟的中国生物群区[J]. 植物学报，43：201-209.

[85]　中国科学院新疆资源开发综合考察队（文启忠，乔玉楼主编）. 1994. 新疆第四纪地质与环境[M]. 北京：中国农业出版社.

[86]　中国科学院新疆综合考察队，中国科学院植物研究所（主编）. 1978. 新疆植被及其利用[M]. 北京：科学出版社.

[87]　钟巍，舒强，熊黑钢. 2001. 塔里木盆地南缘尼雅剖面的孢粉组合与环境[J]. 地理研究，20（1）：91-95.

[88]　钟巍，熊黑钢，塔西甫拉提，等. 2001. 南疆地区历史时期气候与环境演化[J]. 地理学报，56：345-352.

[89]　钟巍，熊黑钢. 1998. 近12kaBP以来南疆博斯腾湖气候环境演化[J]. 干旱区资源与环境，12：28-35.

[90]　钟巍，熊黑钢. 1999. 塔里木盆地南缘4kaBP以来气候环境演化与古城镇废弃事件关系研究[J]. 中国沙漠，19：343-347.

[91]　周昆叔，李文漪，孔昭宸. 1989. 我国第四纪孢粉分析的主要收获[M]. 第四纪孢粉分析古环境，北京：科学出版社.

[92]　Andersen S T. 1970. The Relative Pollen Productivity and Pollen

Representation of North European Trees, and Correction Factors for Tree Pollen Speetra. DGU II, Rakke, vol. 96.

[93] Barboni D, Harrison S P, Bartlein P J, et al. 2004. Relationships between plant traits and climate in the Mediterranean region: a pollen data analysis. Journal of Vegetation Science, 15: 635-646.

[94] Carrion J S, Munuera M, Navarro C. 1998. The palaeoenvironment of Carihuela Cave: a Reconstruction on the Basis of Palynological Investigations of Cave Sediments. Review of Palaeobotany and Palynology, 99: 317-340.

[95] Chen Y, Ni J. and Herzschuh, U. 2010. Quantifying modern biomes based on surface pollen data in China. Global and Planetary Change 74(3-4): 114-131.

[96] D. Kaniewski et al. 2005. Upper Pleistocene and Late Holocene Vegetation Belts in western Liguria: an Archaeopalynological Approach. Quaternary International, 135: 47-63.

[97] D. Kaniewski, J. Renault-Miskovsky, C. Tozzi et al. 2005. Upper Pleistocene and Late Holocene Vegetation belts in western Liguria : an Archaeopalynological Approach. Quaternary International, 135: 47-63.

[98] Davis, M.B. 1963. On the Theory of Pollen Analysis. American Journal. Science, 261: 897-912.

[99] Davis, M.B. Palynology after Y2K-Understanding the Source Area of Pollen in Sediments. Annual Review of Earth and Planetary Sciences, 28: 1-18.

[100] Davis, M.B. Schwartz, M.W. Woods, K. 1991. Detecting a Species limit from Pollen in Sediments. Journal of Biogeography, 18: 653-668.

[101] Edwards, M.E., Anerson, P.M., Brubaker, L.B., et al. 2000. Pollen-based Biomes for Beringia 18, 000, 6000, and 0 ^{14}C yr BP. Journal of Biogeography, 27: 521-554.

[102] Elenga, H., Peryon, O., Bonnefille, R., et al. 2000. Pollen-based Biome Reconstruction for Southern Europe and Africa 18, 000 years BP. Journal of Biogeography, 27: 621-634.

[103] Fall P L. 1987. Pollen taphonomy in a canyon stream. Quaternary Research, 28: 393-405.

[104] Gaillard, M.J., Birks, H.J.B., et al. 1992. Modern Pollen/land-use Relationships as an Aid in the Reconstruction of past Land-uses and Cultural Land-scapes: an Example from south Sweden. Vegetation History Archaeobotany, 1 (1): 3-18.

[105] Guiot J, Cheddadi R, Prentice I C, et al. 1996. A method of Biome and Land Surface Mapping from Pollen Data: Application to Europe 6000 years ago. Palaeoclimates: Data and Modelling, 1: 311-324.

[106] Guiot J. 1991. Structural Characteristics of Proxy Data and Methods for Quantitative Climate Reconstruction. Palaklimaforschung, 6: 271-284.

[107] Hall S A. 1989. Pollen analysis and paleoecology of Alluvium, Letterto the editor. Quaternary Research, 31: 435-438.

[108] Harrison, S.P., Prentice, I.C., Barboni, D., Kohfeld, K., Ni, J. and Sutra, J.-P. 2010. Ecophysiological and bioclimatic foundations for a global plant functional classification. Journal of Vegetation Science 21 (2): 300-317.

[109] Jolly, D., Prentice, I.C., Bonnefille, R., et al. 1998. Biome Reconstruction from Pollen and Plant Macrofossil Data for Africa and the Arabian Peninsula at 0 and 6000 years. Journal of Biogeography, 25: 1007-1027.

[110] Lichti-Federovich, S., and Ritchie, J.C. 1965. Contemporary Pollen Spectra in Central Canada, II. The Forest-grassland Transition in Manitoba. Pollen and Spores, 7: 63-87.

[111] Michel Crucifix, Richard A. Betts, Christopher D. Hewitt. 2005. Pre-industrial-potential and Last Glacial Maximum Global Vegetation Simulated with a Coupled Climate-biosphere Model: Diagnosis of Bioclimatic Relationships. Global and Planetary Change, 45: 295-312.

[112] Ni, J. 2001. A Biome Classification of China Based on Plant Functional Types and Biome 3 Model. Folia Geobotanica, 36: 113-129.

[113] Ni, J., Yu, G., Harrison, S.P. and Prentice, I.C. 2010. Palaeovegetation in China during the late Quaternary: Biome reconstructions based on a global scheme of plant functional types. Palaeogeography, Palaeoclimatology, Palaeoecology 289 (1-4): 44-61.

[114] Odgaard, B.V., Rasmussen, P. 1998. The use of Historical Data and sub-recent (A.D. 1800) Pollen Assemblages to Quantify Vegetation/pollen Relationships. Fisher, Stuttgart, 67-75.

[115] Odgaard, B.V., Rasmussen, P. 2000. Origin and Temporal Development of Mcro-scale Vegetation Patterns in the Cultural Land-scape of Denmark. Journal Ecology, 88: 733-748.

[116] Overpeck, J.T., Webb III, T., Prentice, I.C. 1985. Quantitative Interpretation of Fossil Pollen Spectra: Dissimilarity Coefficients and the Method of Modern Analogs. Quat. Res, 23: 87-108.

[117] Parsons, R.W., Prentice, I.C. 1981. Statistical Approaches to Rvalues and Pollen-Vegetation Relationship. Review Palaeobotany Palynology, 32: 127-152.

[118] Pickett, E., Hasrrison, S.P., Hope, G., et al. Pollen-based Reconstructions of Biome Distributions for Australia, South East Asia and the Pacific (SEAPAC region) at 0, 6000 and 18, 000 ^{14}C years BP. Journal of Biogeography, Submitted.

[119] Prentice, I.C. and Webb III, T. 1998. BIOME 6000: Reconstructing Global mid-Holocene Vegetation Patterns from Palaeoecological Records. Journal of Biogeography, 25: 997-1005.

[120] Prentice, I.C. and Webb III, T. 1998. BIOME 6000: Reconstructing Global mid-Holocene Vegetation Patterns from Palaeoecological Records. Journal of Biogeography, 25: 997-1005.

[121] Prentice, I.C., Guiot, J., Huntley, B, Jolly, D. & Cheddadi, R.. 1996. Reconstruting Biomes from Palaeoecological Data: a General Method and its Application to European Pollen Data at 0 and 6 ka. Climate Dynamics, 12: 185-194.

[122] Prentice, I.C., Guiot, J., Huntley, B., Jolly, D. and Cheddadi, R. 1996. Reconstructing Biomes from Palaeoecological Data: a General Method and its Application to European Pollen Data at 0 and 6 ka. *Climate Dynamics*, 12: 185-194.

[123] Prentice, I.C., Jolly, D. 2000. and BIOME6000 Participants. Mid-Holocene and Glacial-maximum Vegetation Geography of the northern Continents and Africa. Journal of Biogeography, 27: 507-519.

[124] Prentice, I.C., Jolly, D. 2000. and BIOME6000 Participants. Mid-Holocene and Glacial-maximum Vegetation Geography of the northern Continents and Africa. Journal of Biogeography, 27: 507-519.

[125] Prentice, I.C., Parsons, R.W. 1983. Maximum Likelihood Linear Calibration of Pollen Spectra in terms of Forest Composition. Biometrics, 39 (4): 1051-1057.

[126] Ritchie, J.C., and Lichti-Federovich, S.. 1963. Contemporary Pollen Spectra in Central Canada, I. Atmospheric Samples at Winnipeg, Manitoba. Pollen and Spores. 5: 95-114.

[127] Ritchie, J.C., and Lichti-Federovich, S.. 1967. Pollen Dispersal Phenomena in Arctic-subarctic Canada. Review of Palaeobotany and Palynology. 3: 255-266.

[128] Steffen, W., Sanderson, A., Tyson, P. D., et al. Global Change and the Earth System: A Planet Under Pressure. 2004, Springer-Verlag Berlin Heidelberg New York.

[129] Stephen T.Jackson, JohnW. Williams 2004. Modern Analogs in Quaternary Paleoecology: Here Today, Gone Yesterday, Gone Tomorrow? Annual Reviews, 32: 495-537.

[130] Sugita , S. 1994. Pollen Representation of Vegetation in Quaternary Sediments: Theory and Method in Patchy Vegetation. Journal Ecology, 82: 881-897.

[131] Sutra, J.-P., Hasrrison, S.P., Barboni, D., et al. Application of a Global Plant Functional Type Scheme in the Reconstruction of Modern and Palaeovegetation of the Indian Subcontinent from Pollen. Journal of Vegetation Science, Submitted.

[132] Takahara, H., Sugita, S., Hasrrison, S.P., Miyoshi, N., Morita, Y & Uchiyama, T. 2000. Pollen-based Reconstruction of Japanese Biomes at

1, 6000 and 18, 000 ^{14}C years BP. Journal of Biogeography, 27: 665-683.

[133] Tarasov, P.E., Volkova, V.S., Webb III T., et al. 2000. Last Glacial maximum Biomes Reconstructed from Pollen and Plant Macrofossil Data from northern Eurasia. Journal of Biogeography, 27: 609-620.

[134] Tarasov, P.E., Webb III T., Andreev, A.A., et al. 1998. Present-day and mid-Holocene Biomes Reconstructed from Pollen and Plant Macrofossil Data from the former Soveit Union and Mongolia. Journal of Biogeography, 25: 1029-1053.

[135] TEMPO Members. 1996. Potential Rule of Vegetation Feedback in the Climate Sensitively of High-latitude Regions: a case Study at 6000 years BP. Global Biogeog Cycles, 10: 727-736.

[136] Thompson, R.S. & Anderson, K.H. 2000. Biomes of western North American at 16, 000 and 18, 000 ^{14}C years BP Reconstructed from Pollen and Packrat midden Data. Journal of Biogeography, 27: 555-584.

[137] W. L Strong, L. V. Hills. 2005. Late-glacial and Holocene Palaeovegetation zonal Reconstruction for central and north-central North America. Journal of Biogeography, 32: 1043-1062.

[138] Webb III, T., Howe, S.E., et al. 1981. Estimating Plant Abundances from Pollen Percentages: the use of Regression Analysis. Review Palaeobotany Palynology, 34 (3/4), 269-300.

[139] Westoby, M., Falster, D.S., et al. 2002. Plant ecological strategies: some leading dimensions of variation between species. Annual Review of Ecology and Systematics, 33: 125-159.

[140] Wiemann, M.C., Dilcher, D.L. and Manchester, S.R. 2001. Estimation of mean annual temperature from leaf and wood physiognomy. *Forest Science*, 47: 141-149.

[141] Williams, J.W., Summers, et al. 1998. Applying Plant Functional Types to Construct Biome Maps from eastern North American Pollen Data : Comparisons with Model Results. Quaternary Science Reviews, 17: 607-628.

[142] Williams, J.W., Webb III, et al. 2000. Late Quaternary Biomes of Canada and

the eastern United States. Journal of Biogeography, 27: 585-607.

[143] Wright, H.E., McAndrews, J. H, et al. 1967. Modern Pollen Rain in western Iran and its Relation to Plant Geography and Quaternary Vegetational History. Journal of Ecology, 55: 415-453.

[144] Wright, H.E.. 1967. The Use of Surface Samples in Quaternary Pollen Analysis. Review of Palaeobotany and Palynology, 2: 321-330.

[145] Xu Q H, Yang X L, Wu C, et al. 1996. Alluvial pollen on the North China plain. Quaternary Research, 46: 270-280.

[146] Xu Q H, Yang X L. 1998. Ancient vegetation interpreted by alluvial pollen at Northern Mountain Area of Hebei Province. Scientia Geographica Siniea, 18（5）: 486-491.

[147] Yu, Ge., Chen, X., Ni., J, et al. 2000. Palaeovegetation of China: a Pollen Data-based Synthesis for the mid-Holocene and last Glacial maximum. Journal of Biogeography, 27: 635-664.

[148] Yu, Ge., Liew, P.M., Xue, et al. 2003. Surface Pollen and Vegetation Reconstruction from central and northern Mountains of Taiwan. Chinese Science Bulletin, 48（3）: 291-295.

[149] Yu, Ge., Prentice, I.C., Harrison, et al. 1998. Pollen-based Biome Reconstruction for China at 0 and 6000 years. Journal of Biogeography, 25: 1055-1069.

[150] Zhang, Y., Kong, Z.C., Ni, J., et al. 2007. Late Holocene palaeoenvironment change in central Tianshan of Xinjiang, northwest China. Grana, 46（3）: 197-213.

[151] Zhang, Y., Kong, Z.C., Ni, J., et al. 2008. Pollen record and environmental evolution of Caotanhu wetland in Xinjiang since 4550 cal. a BP. Chinese Science Bulletin, 53（7）: 1049-1061.

[152] Zhang, Y., Kong, Z.C., Yan, S., et al. 2009. "Medieval Warm Period" on the northern slope of central Tianshan Mountains, Xinjiang, NW China. Geophysical Research Letters, 36: L11702, doi: 10.1029/2009GL037375.

[153] Zhang, Y., Kong, Z.C., Yan, S., et al. 2006. Fluctuation of Picea timberline

and paleo-environment on the northern slope of Tianshan Mountains during the Late Holocene. Chinese Science Bulletin, 51 (14): 1747-1756.

[154] Zhang, Y., Kong, Z.C., Yang, Z.J., et al. 2004. Vegetation Changes and Environmental Evolution in the Urumqi River Head, central Tianshan Mountains since 3.6 ka B.P.: a case study of Daxigou profile. Acta Botanica Sinica, 46: 655-667.

后　记

　　本书是在我的博士论文基础上修改完成的。本人的博士论文是在综合集成新疆前人的第四纪环境相关研究的基础上主要对全新世数据进行集成分析的结果。出版这本书，很大程度上是为了向包括我的导师阎顺研究员在内的新疆第四纪研究者致敬：中国科学院新疆生态与地理研究所阎顺研究员；中国科学院新疆生态与地理研究所穆桂金研究员；新疆师范大学李志中教授、海鹰教授等。他们像沙漠里的胡杨深深热爱着这片土地，在这偏远的西北一隅默默无闻地坚守，倾注了毕生的心血，令人敬重。本人在整理文献和数据的过程中，深深感动于阎顺研究员这一代新疆的老科学家所做出的伟大奉献，萌生了将他们的心血进行整理后服务于后来研究者的想法。如果由于本人所学有限，书中存在不足与纰漏之处难免，希望不要影响到本书出版的初衷。

　　本书所整理的新疆表土和地层孢粉采样点及样品数据大部分来自于阎顺研究员早年的工作笔记，倪健研究员课题组提供的原始数据，其他的数据来自于本人对于已发表文献的数字化恢复和提取。在本人博士学习、博士论文完成以及本书出版过程中，两位老师都给予了极大的指导和帮助，从两位老师那里我认识到学者的严谨和勤奋，知道真正的淡泊可以沁人心田，在此深表感谢。

　　感谢新疆大学的刘志辉教授，中国科学院植物研究所的孔昭宸研究员、张芸副研究员，中国科学院新疆生态与地理研究所的穆桂金研究员，北京联合大学的熊黑钢教授，新疆师范大学的李志中教授，华南师范大学的钟巍教授，中国地质科学院水文地质环境地质研究所的杨振京研究员，石河子大学的阎平教授等。在多年求学的过程中，从他们身上，我受到了学术的影响和点播，获益良多。

感谢我的师妹菊春燕和我的研究生虞敬峰，他们在本书的完成过程中也提供了一定的帮助，一并致谢。

感谢中国环境科学出版社第四图书出版中心主任刘璐女士，在她的敦促下我才能及时完成书稿。

本书的写作只是本人初浅的学习研究总结。写作过程中，阅读并参考了相关领域大量的研究文献资料，在此，特向我曾拜读过和引用过、参考过研究资料的作者表示衷心感谢。由于水平和知识有限，书中可能会存在许多问题，甚至疏漏和错误之处，真诚期待学界前辈和朋友批评指正和共同探讨。

冯晓华

2011 年 9 月 16 日